Hydrogen Sulfide Control in Solid Waste Treatment and Disposal

固体废物处理处置中硫化氢控制技术

苏良湖　张龙江　赵由才　著

·北京·

内容简介

本书以固体废物在各种处置场景中硫化氢控制技术为主线，一是介绍了多种新型原位固硫技术，系统分析原位固硫技术的作用机理以及对物料稳定化进程的影响等；二是介绍了异位生物气脱硫新技术，评价纳米和超细铁系材料及畜禽粪便生物炭的脱硫性能潜力。本书是笔者近些年研究成果的总结，旨在为污水污泥和生活垃圾的末端处理处置的管理和运行提供参考，以期为固废处理领域的管理提供新方法和新思路。

本书可供固体废物处理处置的工程技术人员、科研人员和管理人员参考，也可供高等学校环境工程、市政工程及相关专业的师生参阅。

图书在版编目(CIP)数据

固体废物处理处置中硫化氢控制技术/苏良湖，张龙江，赵由才著. —北京：化学工业出版社，2022.7

ISBN 978-7-122-41097-9

Ⅰ.①固… Ⅱ.①苏… ②张… ③赵… Ⅲ.①固体废物处理-关系-硫化氢-有害气体-污染控制 Ⅳ.①X705②X51

中国版本图书馆CIP数据核字（2022）第052139号

责任编辑：卢萌萌　刘兴春　　文字编辑：郭丽芹　陈小滔
责任校对：田睿涵　　装帧设计：张　辉

出版发行：化学工业出版社（北京市东城区青年湖南街13号　邮政编码100011）
印　　装：涿州市般润文化传播有限公司
710mm×1000mm　1/16　印张11¼　字数191千字　2022年11月北京第1版第1次印刷

购书咨询：010-64518888　　售后服务：010-64518899
网　　址：http://www.cip.com.cn
凡购买本书，如有缺损质量问题，本社销售中心负责调换。

定　　价：85.00元

前言

目前，污水污泥和生活垃圾已成为我国重要的市政固相废弃物。在污水污泥的各种无害化、减量化和资源化处理工艺中，尤其是污泥存储、运输、厌氧发酵和填埋等，会产生大量的恶臭气体。与一些发达国家经分类后的垃圾相比，我国生活垃圾具有混合性高、含水率高、有机成分高（主要为餐厨垃圾）等特征，特别易于在缺氧或厌氧环境中形成恶臭。硫化氢被认为是市政固相废弃物处理流程中的主要恶臭污染物之一。

本书专注于固体废物多种处理处置场景的硫化氢控制技术。其中，原位控制技术方面，包括评价氢氧化铁、不同粒径零价铁对脱水污泥原位固硫和恶臭削减的效果，纳米零价铁、水合氧化铁对剩余活性污泥厌氧消化过程的原位固硫性能和稳定化的影响，以及氢氧化铁用于垃圾填埋反应器和中转站的恶臭原位控制潜力。生物气异位处理方面，包括纳米零价铁、绿色合成纳米铁，以及畜禽粪便基生物炭的生物气脱硫性能评价，并剖析了作用机制。

本书的目的之一，在于为污水污泥和生活垃圾处理处置过程中的硫化氢控制提供技术遴选方面的参考。此外，还希望能促进企事业生产管理人员等对硫化氢控制的重视程度进一步提高，以有效防范市政等领域硫化氢中毒事故的发生。

本书由苏良湖、张龙江、赵由才著，联合培养研究生李晓琳、张明珠也参与了部分资料整理和研究工作，书中内容大部分是笔者近年来的研究成果的总结，但也参考和引用了国内外同行公开报道的相关资料，在此一并表示感谢。

鉴于笔者水平及时间所限，书中难免会出现疏漏及不足之处，敬请读者批评指正。

目录

第1章 绪论

第2章 脱水污泥在氢氧化铁作用下的原位固硫与恶臭削减

第 3 章 零价铁粒径效应对脱水污泥原位固硫和甲烷产生速率的影响

第 4 章 纳米零价铁核-壳结构用于剩余活性污泥厌氧消化的原位固硫技术

第5章 水合氧化铁用于剩余活性污泥厌氧消化的原位固硫技术

第6章 氢氧化铁用于生活垃圾填埋反应器和中转站的恶臭原位控制

第7章 纳米零价铁不同温度脱除生物气高浓度硫化氢的性能评价

第8章 绿色合成纳米铁的生物气脱硫性能

第9章 畜禽粪便生物炭的生物气脱硫性能

第1章 绪论

1.1 我国固体废物处理处置现状

目前，生物污泥和生活垃圾已经成为我国重要的市政固相废弃物。据住房和城乡建设部的统计，截至2019年底，全国设市城市、县累计建成城镇污水处理厂4140座，污水处理能力约2.145亿立方米每日。在污水处理过程中产生的污泥量十分巨大，我国每年城市污泥产生量预计达6500万吨（以含水率80%计）。2019年，我国城市生活垃圾清运量约为2.42亿吨，有无害化处理场（厂）1183座。

在污水污泥的各种无害化、减量化和资源化处理工艺中，尤其是污泥存储、运输、厌氧发酵和填埋等，会产生大量的恶臭气体。与一些发达国家经分类后的垃圾相比，我国生活垃圾具有混合性高、含水率高、有机成分高（主要为餐厨垃圾）等特征，特别易于在缺氧或厌氧环境中形成恶臭。硫化氢被认为是市政固相废弃物处理流程中的主要恶臭污染物之一。

1.2 硫化氢的产生

1.2.1 硫化氢的主要来源

城市生活垃圾和污泥的硫化氢主要是由微生物的生物化学反应而形成的，包括两个主要路径：一是无机硫酸盐、亚硫酸盐等在硫酸盐还原菌（sulphate reducing bacteria，SRB）等微生物的作用下生成硫化氢（此途径在污泥处理流程和生活垃圾填埋中后期被认为占主导作用）；二是有机硫化物如含硫氨基酸、磺胺酸、磺化物等在厌氧菌作用下降解形成硫化氢（如生活垃圾填埋初期等）。此外，部分硫化氢是直接从污泥中挥发出来的，即从污水中带入污泥中的溶剂、石油等衍生物产生。

1.2.2 硫酸盐还原菌

硫酸盐还原菌（SRB）是一类形态各异、营养类型多样、在缺氧或厌氧条件下能利用硫酸盐或者其他氧化态硫化物作为电子受体来异化有机物质的厌氧菌，典型的如脱硫弧菌属（*Desulfovibrio*）、脱硫肠状菌属（*Desulfotomaculum*）和脱硫杆菌属（*Desulfobacter*）等。SRB 的共同生理特征是能将单质硫或硫酸盐还原生成硫化氢。从氧化角度看，根据 SRB 对碳源代谢产物的不同可将 SRB 分为两大类：一类是能在还原硫酸盐的过程中将有机碳源完全氧化为 CO_2 和 H_2O，即为完全氧化型 SRB（complete oxidizer SRB）；另一类是以乙酸为末端产物的不完全氧化型 SRB（incomplete oxidizer SRB）。从微生物角度看，SRB 分为 11 个属 40 多个种，其中最主要的两个属为脱硫弧菌属（*Desulfovibrio*）和脱硫肠状菌属（*Desulfotomaculum*）。前者一般为中温或低温型，不形成孢子，环境温度超过 43℃会死亡；后者是中温或高温型，形成孢子，二者均为革兰氏阴性菌。

SRB 在自然界中广泛分布，存在于农田、沼泽、底泥、油田等环境中。在生活垃圾填埋场和生物污泥中也含有大量种类众多的 SRB。SRB 被认为具有广泛的代谢基质谱，繁殖速度快。马保国等研究表明，SRB 在合适的环境条件下 5h 后便可进入对数生长期。另外，SRB 还具有某些特殊的生理性质，如含有不受氧毒害的酶系，因此可在广泛的环境中生存，甚至包括有氧环境，从而保证了 SRB 有较强的生存能力和适应环境变化的能力。

硫酸根通过 SRB 的一系列生化反应生成代谢产物硫化氢。硫化氢可排出体系外，也可被微生物进一步合成为有机含硫化合物。电子供体对 SRB 有着至关重要的作用。复杂碳源不能直接被 SRB 用于还原硫酸盐，而结构较为简单的挥发性脂肪酸（乙酸、丙酸和丁酸等）和乳酸等能够直接被 SRB 利用进行硫酸盐的还原，如式（1-1）和式（1-2）所示。其他常见的硫酸盐还原电子供体还包括 H_2 和各种烃类等，如式（1-3）和式（1-4）所示。

$$CH_3COOH + SO_4^{2-} \longrightarrow CO_2 + H_2O + H_2S + \text{能量} \tag{1-1}$$

$$CH_3CH(OH)COOH + SO_4^{2-} \longrightarrow CO_2 + H_2O + H_2S + \text{能量} \tag{1-2}$$

$$5H_2 + SO_4^{2-} \longrightarrow 4H_2O + H_2S + \text{能量} \tag{1-3}$$

$$C_nH_{2n+2} + SO_4^{2-} \longrightarrow CO_2 + H_2O + H_2S + \text{能量} \tag{1-4}$$

硫酸盐是 SRB 的重要电子供体，当环境中出现了足量的硫酸盐，SRB 以 SO_4^{2-} 为电子受体氧化有机物，通过对有机物的异化作用获得生存所需的能量，维持生命活动。

硫酸盐还原菌活性的主要影响因子包括 pH 值、温度、氧化还原电位（oxidation reduction potential，ORP）及碳源种类。体系的 pH 值通过氢离子与细胞中的酶相互作用来影响酶的活性，从而影响 SRB 的生长状况。SRB 的最适 pH 值一般在中性范围内，pH 值为 6.48～7.43 时其硫酸盐还原效果较强，在 pH 值为 6.6 时，SRB 的还原率达到最大。一般情况下，按照 SRB 适宜的生长温度可将其分为中温菌和嗜热菌，其中大部分 SRB 为中温菌。理论研究表明，中温 SRB 的最适温度为 30℃左右。但在实际情况中其硫酸盐还原速度不仅取决于温度，竞争作用同样会影响到其生长情况。

1.3 硫化氢的危害

1.3.1 恶臭污染

生物污泥和城市生活垃圾的处理处置流程是恶臭气体的重要来源，容易对附近（如污水处理厂和生活垃圾填埋场）居民的健康及生活质量产生严重的不利影响，并引发上呼吸道刺激、黏膜刺激、抑郁症等疾病。特别是，目前我国大多污泥和生活垃圾处置场已被村庄包围，恶臭问题已经成为居民最主要的污染投诉问题之一。因生活垃圾或污泥恶臭问题而引起的群体性事件频发，影响了生活垃圾和污泥处理设施的正常运行，已成为各级政府高度重视的重大民生难题。而硫化氢由于具有恶臭嗅觉阈值极低的特点（体积分数约为 0.5×10^{-9}），加之硫酸盐还原菌的广泛分布性和耐受性，其已经成为生物污泥和生活垃圾在缺氧或者厌氧环境的主要恶臭组分。

生物污泥在不同氧化还原电位（ORP）条件下，所释放恶臭气体中各种含硫组分的含量和在总硫的权重不同。Devai 和 Delaune 研究发现，在厌氧条件下（特别是低于－160mV 甚至－220mV）生物污泥最主要的恶臭组分是硫化氢。在更高的 ORP 环境中，如 ORP＞0mV 条件下，污泥的主要含硫恶臭组分则为甲基硫醇和二甲基硫醚等。而当 ORP 处于＞370mV 条件下，污泥中含硫恶臭组分大幅度减少。由于生物污泥的本身特性，在污泥的处理处置流程中常置于厌氧或缺氧环境中，因而硫化氢是其处置流程的重点污染物。此外，从污泥中硫化氢和甲基硫醇等的转化路径来看，降低硫化氢的含量也有利于减少甲基硫醇、二甲基硫醚和二甲基二硫醚等的形成。

据统计，我国目前拥有 406 座生活垃圾填埋场，另有 2000 余座简易堆场，处置了全国约 80%的生活垃圾。无论是处理设施数量还是处理能力，生活垃圾填埋在生活垃圾无害化中都稳居主导地位。在垃圾填埋过程中由于有机物被微生物利用而腐败分解，以及填埋环境下硫酸盐被 SRB 还原等，不可避免地产生恶臭气体。我国主要城市生活垃圾填埋场有机垃圾的含量约为 51%～72%。生活垃圾填埋场恶臭污染目前已经成为群体性公共卫生事件突发和蔓延的重要源头和渠道之一，恶臭污染控制已迫在眉睫。

生活垃圾填埋场的恶臭气体组分得到广泛的研究，其可大致分成5类：a. 含硫化合物，如硫化氢、硫醇等；b. 含氮化合物，如氨气、胺类、吲哚等；c. 卤素及衍生物，如氯气、卤代烃等；d. 烃类；e. 含氧有机物，如醇、酚、醛、酮等。其中，硫化物被多项研究认为是恶臭的主要组分或者是指示性组分之一。如Hurst等和Parker等认为垃圾填埋场含有大量的硫化物，恶臭贡献率最高，主要包括H_2S、CH_3SH、$(CH_3)_2S$、CS_2、$(CH_3)_2S_2$等。Kim采用双模式（低浓度、高浓度模式）气相色谱（GC）检测技术研究了韩国东海某垃圾填埋场恶臭气体中的还原性硫化物，结果发现垃圾填埋场含硫恶臭气体中，H_2S是指示还原性硫化物浓度的最敏感指标，在还原性硫化物中占主导地位。各生活垃圾填埋场主要恶臭组分的不同，可能受垃圾组成和地区气象差异性等影响。生活垃圾填埋场典型恶臭组分以及填埋气主要组分含量如表1-1所示。由表1-1可知，嗅觉阈值低的恶臭组分主要为含硫化合物，包括硫化氢（阈值低至$<0.7\mu g/m^3$）、甲硫醇、乙硫醇和乙硫醚等。而综合考虑到恶臭嗅觉阈值以及生活垃圾填埋场（生活垃圾作业表面以及生活垃圾填埋气）恶臭组分的浓度，显然硫化氢可被认为是生活垃圾填埋场的主要恶臭责任者之一。

表1-1 生活垃圾填埋场恶臭组分

<table>
<tr><th>序号</th><th>分类</th><th>中文名称</th><th>恶臭嗅觉阈值（体积分数）/（$\times10^{-6}$）</th><th>填埋气（体积分数）/（$\times10^{-6}$）</th><th>臭味特性</th></tr>
<tr><td>1</td><td rowspan="7">硫化物</td><td>硫化氢</td><td>0.00041</td><td>20～560</td><td>腐蛋臭</td></tr>
<tr><td>2</td><td>甲硫醇</td><td>0.00007</td><td></td><td>烂洋葱臭</td></tr>
<tr><td>3</td><td>乙硫醇</td><td>0.0000087</td><td></td><td>烂洋葱臭</td></tr>
<tr><td>4</td><td>甲硫醚</td><td>0.003</td><td></td><td>蒜臭</td></tr>
<tr><td>5</td><td>二硫化碳</td><td>0.21</td><td></td><td>刺激臭</td></tr>
<tr><td>6</td><td>乙硫醚</td><td>0.000033</td><td></td><td>蒜臭</td></tr>
<tr><td>7</td><td>二甲二硫醚</td><td>0.0022</td><td></td><td>烂甘蓝臭</td></tr>
<tr><td>8</td><td colspan="2">氨气</td><td>0.037</td><td>2～25</td><td></td></tr>
<tr><td>9</td><td rowspan="5">芳香烃</td><td>苯</td><td>2.7</td><td>2.6～8.5</td><td>刺激臭</td></tr>
<tr><td>10</td><td>甲苯</td><td>0.33</td><td>12.4～38.7</td><td>刺激臭</td></tr>
<tr><td>11</td><td>乙苯</td><td>0.17</td><td>6.8～19.2</td><td>刺激臭</td></tr>
<tr><td>12</td><td>间二甲苯</td><td>0.041</td><td>18.1～42.3</td><td>刺激臭</td></tr>
<tr><td>13</td><td>对二甲苯</td><td>0.058</td><td>18.1～42.3</td><td>刺激臭</td></tr>
</table>

续表

序号	分类	中文名称	恶臭嗅觉阈值（体积分数）/（$\times10^{-6}$）	填埋气（体积分数）/（$\times10^{-6}$）	臭味特性
14	芳香烃	苯乙烯	0.035		刺激臭
15		邻二甲苯	0.38		刺激臭
16		丙苯	0.0038		刺激臭
17	含氧烃	乙醇	0.52		刺激臭
18		丙酮	42		汗臭
19		异丙醇	26		刺激臭
20		叔丁基甲醚	72		刺激臭
21		丁酮	0.44		刺激臭
22		乙酸乙酯	0.87		刺激臭

现有的恶臭评价方法主要包括3类，分别为化学分析法、动态嗅觉法、电子鼻法。其中化学分析法是指用GC/GC-MS或者其他分析方法，对恶臭混合气体的组成和对应的浓度进行分析，具有客观性、精确性和可重复等优点，常被应用于垃圾填埋场恶臭污染源解析。动态嗅觉法主要是利用人的感官对气体进行分析，该方法可直接获得恶臭对人的影响程度，被中国、欧盟、美国、澳大利亚等许多国家及组织定为衡量恶臭强度的标准。但是，动态嗅觉法容易受主观因素等的影响，不同个体可能对不同的恶臭物质敏感性存在差异，需要有专门的嗅辨员进行测定且费时较长。电子鼻是一种模拟生物嗅觉工作原理的新型仿生检测系统，通常由交叉敏感的气体传感器阵列和适当的模式识别算法组成，可用于检测、分析和鉴别简单或复杂气味。图1-1（a）为某生活垃圾恶臭气体恶臭指数与稀释倍数关系曲线，采用电子鼻［日本COSMOS XP-329ⅢR臭气仪，图1-1（b）］测定。

1.3.2 硫化氢的其他危害

除是生物污泥和城市生活垃圾恶臭的主要责任者之外，硫化氢还在其他方面表现出不利影响。

(1) 硫化氢对人体的毒害

硫化氢对哺乳动物和水栖物种表现出高毒性，也可对人体的健康造成极大

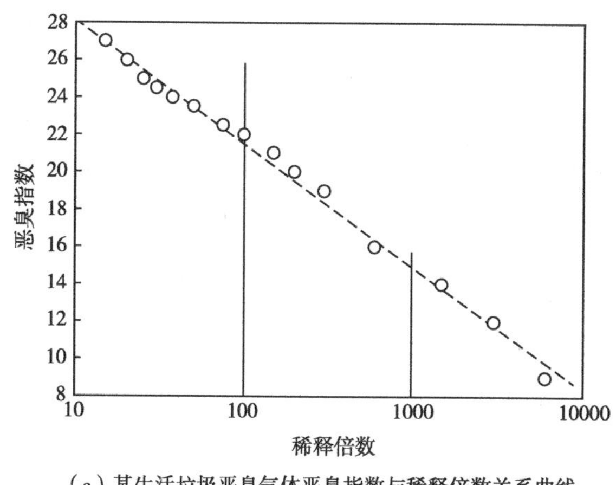

（a）某生活垃圾恶臭气体恶臭指数与稀释倍数关系曲线

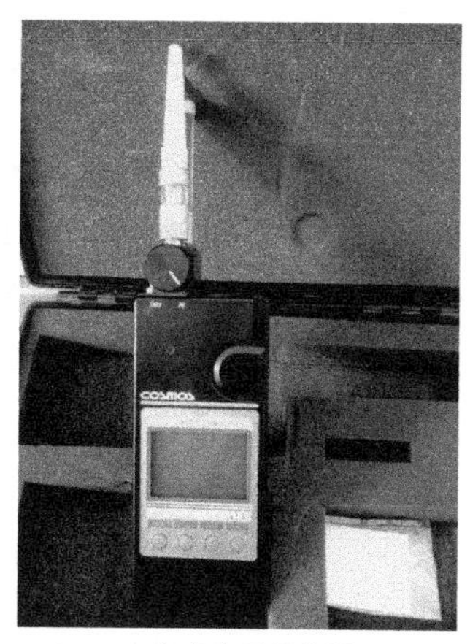

（b）电子鼻仪器

图 1-1　某生活垃圾恶臭气体恶臭指数与稀释倍数关系曲线和电子鼻仪器

的危害。一旦吸入，硫化氢会抑制在线粒体呼吸中起重要作用的细胞色素氧化酶，当其浓度为 70～140mg/m³ 时，便可以引起人类眼睛疼痛，而达到 420～700mg/m³ 则会导致重度中毒，甚至死亡。全国范围内，污水污泥或者生活垃圾处理处置过程中人员急性中毒死亡的事故时有发生。如中国应急管理部通报，2020 年 6 月，浙江吴兴区某污水处理站检修作业时，因吸入硫化氢造成 4 名工人死亡、5 人受伤。不同浓度的硫化氢对人体的毒害反应可见表 1-2。

表 1-2　不同浓度的硫化氢对人体的毒害

浓度/（mg/m³）	接触时间	毒性反应
0.0007～0.2		低于危害浓度，可以被敏感地发觉
0.4		臭味明显
30～40		臭味强烈，仍能耐受，是引起症状的阈浓度
70～150	1～2h	呼吸道和眼出现刺激症状，吸 5min 后不再闻到臭味，导致嗅神经麻痹
300	1h	6～8min 出现眼急性刺激症状，长期接触引起肺水肿
375～750	0.5～1h	发生肺水肿和中枢神经系统症状，引起头痛、头晕、步态不稳、恶心呕吐，以至意识丧失
1000	数秒钟	很快出现急性中毒，呼吸加快、麻痹而死亡
1400	立即～30s	昏迷死亡

(2) 硫化氢对管道/设备造成腐蚀

硫化氢腐蚀是引起管道和设备老化的一个重要原因，而这会给污泥和生活垃圾的处理设施带来损害。1989 年，对美国休斯敦市政管理研究发现该市 70% 的受损管道是由硫化氢腐蚀造成的。硫化氢气体逸出后，溶解于管道内表面水位上方的冷凝水中。在微生物作用下，硫化氢被氧化生成硫酸，进而对多种污水管材产生强烈的腐蚀作用。相关的化学反应式如下：

$$SO_4^{2-} + 有机物 \longrightarrow S^{2-} + H_2O + CO_2 \tag{1-5}$$

$$H_2S + O_2 \xrightarrow[细菌]{好氧} H_2SO_4 \tag{1-6}$$

污水中逸出的硫化氢气体直接与管道发生化学反应，也可对管道产生腐蚀。通常，硫酸腐蚀是导致管道腐蚀的主要原因，而硫化氢直接腐蚀作用弱得多。管道硫化氢腐蚀的全过程见图 1-2。

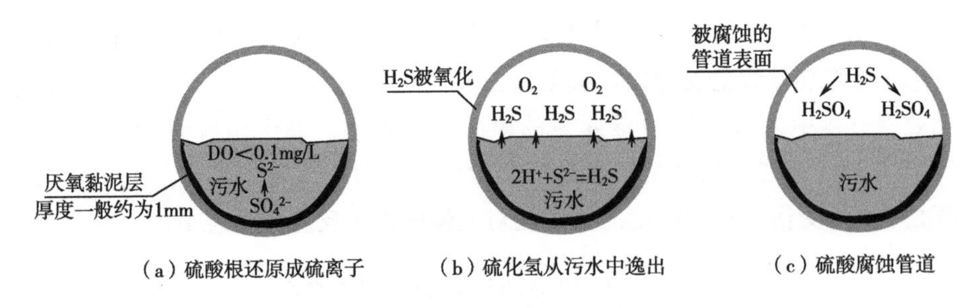

(a) 硫酸根还原成硫离子　(b) 硫化氢从污水中逸出　(c) 硫酸腐蚀管道

图 1-2 硫化氢管道腐蚀示意图

(3) 硫化氢对生物气（填埋气）能源利用的不利影响

不管是生物污泥厌氧消化或者是生活垃圾的填埋，固相生物质向生物气（又称沼气）的转化可作为一种多功能的能源再生途径。固相生物质被产甲烷菌降解而使大部分有机组分转化成生物气，其主要成分为甲烷和二氧化碳，可用于热量和蒸汽的生产、热电联产，或作为车用燃料。在任何这些利用途径中，生物气都必须根据其进一步利用目的去除杂质，如硫化物。生物气中的硫化物会腐蚀内燃机并缩短内燃机的寿命，也会缩短金属设备的寿命。对于生物气用于热电联产，可接受的硫化氢含量（标准状态下）大约是 $100 \sim 500mg/m^3$，具体要求与选择的设备有关，而当用作车载燃料时，需要进一步将硫化氢含量（标准状态下）降低至 $<5mg/m^3$。

1.4 硫化氢控制技术

目前，硫化氢控制技术包括湿法脱硫（碱液吸收法、络合铁法等）、干法脱硫（海绵铁法、活性炭法等）、外部生物脱硫和原位脱硫等。选用硫化氢控制技术时，需要考虑去除效率、生物气的最终用途、初始投资成本和操作成本等因素。碱液吸收法容易和生物气中 CO_2 发生中和反应，降低脱硫效率，对于生物气脱硫并不经济可行。络合铁法和海绵铁法应用于生物气中 H_2S 的吸附去除，技术已经成熟。拓展活性炭的原料来源（尤其是废弃物资源）并研发其高效活化技术，仍具有广阔发展前景。外部生物脱硫技术虽然需要更高的初始投资，但是相较于传统的物理化学过程，其运营成本更低，目前已被广泛运用。原位脱硫是近年来发展迅速的新型脱硫技术，仍有巨大发展空间。在生活垃圾填埋场原位固硫中，尽管不同覆盖层可有效削减填埋气的 H_2S 浓度，但仍局限于实验室规模，鲜见工程应用。在厌氧消化的原位固硫中，基于微氧或适度氧化的内部生物法脱硫等原位固硫技术，仍处于发展和完善中。以下进一步对各类型硫化氢控制技术进行介绍。

1.4.1 湿法脱硫

湿法脱硫技术就是利用特定溶剂与气体逆流接触脱除 H_2S 的方法，溶剂可通过再生重新进行吸收利用。根据溶剂吸收 H_2S 的机理不同，可分为物理吸收法、化学吸收法、物理化学吸收法，具体方法主要有低温甲醇冲洗法、*N*-甲基二乙醇胺（MDEA）法、聚乙二醇二甲醚（NHD）法、双核酞菁钴磺酸铵（PDS）法和络合铁法。湿法脱硫适用于处理气量大、H_2S 浓度高的生物气，容易回收硫、运行稳定，在工业中运用非常广泛。但是，湿法脱硫也存在一定的不足，比如投资高、运行管理复杂、溶剂不易再生等。

(1) 碱液吸收法

用于吸收 H_2S 的溶剂一般是碱性溶液，最常见的是 NaOH 和氨水。当以 NaOH 为吸收液进行脱硫时，反应式如式（1-7）和式（1-8）。

$$2NaOH + H_2S \longrightarrow Na_2S + 2H_2O \tag{1-7}$$

$$NaOH + H_2S \longrightarrow NaHS + H_2O \tag{1-8}$$

利用NaOH作为脱硫吸收液容易产生硫代硫酸盐，不断在吸收液中富集，对后续的吸收能力产生影响，最终的吸收液如处理不当容易对环境造成污染。而且，NaOH容易和生物气中的CO_2发生中和反应，降低脱硫效率。

以氨水作为吸收液时，发生的反应如下：

$$H_2S+NH_4OH \longrightarrow NH_4HS+H_2O \tag{1-9}$$

将空气通入含硫氢化氨溶液中对H_2S进行解吸，解吸后的溶液可通入氨水继续吸收H_2S。但是该方法存在很多缺点，解吸后的H_2S需要进一步处理，增加了脱硫的成本和难度；氨水容易腐蚀设备并且污染环境，不易操作。氨水吸收法一般用于硫含量大的气体的脱硫处理，比如石油冶金过程等，鲜有用于生物气脱硫的报道。一般来说，碱液吸收法对于生物气脱硫并不经济可行。

(2) 络合铁法

湿法脱硫中的代表方法还有络合铁法，该方法包括两个阶段，第一阶段是脱硫，第二阶段是再生。脱硫阶段发生化学反应，将H_2S吸收，反应过程如式(1-10)～式(1-12)：

$$H_2S(g)+H_2O \longrightarrow H_2S(aq)+H_2O \tag{1-10}$$

$$H_2S(aq) \longrightarrow H^+ + HS^- \tag{1-11}$$

$$HS^- + 2Fe^{3+}L^{n-} \longrightarrow S+2Fe^{2+}L^{n-} + H^+ \tag{1-12}$$

其中，n表示有机配位体L的电荷数量。

脱硫阶段是将活泼的络合铁转变为不活泼的络合铁，因此再生过程中需用O_2将其氧化，再生反应如式（1-13）和式（1-14）：

$$O_2(g)+H_2O \longrightarrow O_2(aq)+H_2O \tag{1-13}$$

$$4Fe^{2+}L^{n-}+O_2(aq)+2H_2O \longrightarrow 4Fe^{3+}L^{n-}+4OH^- \tag{1-14}$$

在整个反应过程中，式（1-12）和式（1-14）的反应速度快，而式（1-10）和式（1-13）反应速度慢，因此式（1-10）和式（1-13）两个过程是络合铁法脱硫的限制因素。化学吸收过程受气膜传质速率的影响，可通过新的化学吸收法或强化设备提高气膜传质速率。但是，O_2在液相中溶解度很低，导致再生速率慢、再生率低，因而再生过程是络合铁法的关键步骤。传统再生过程是在填料柱、喷淋罐或喷淋塔中进行的，这些装置的传质率差、作业体积大、再生率低、能耗高，并没有广泛应用到工业生产中。LO-CAT® 和 Sulferox® 工艺是典型络合铁法的商业应用名称，如LO-CAT已被用于美国佛罗里达州的填埋气脱硫。

1.4.2 干法脱硫

干法脱硫是利用多孔材料或浸渍催化剂实现 H_2S 的去除。通常情况下，干法脱硫比较适用于 H_2S 含量较低的生物气净化，常用的方法有膜分离法、分子筛法、变压吸附法（PSA）、不可再生固定床吸附法、低温分离法。但是，干法脱硫也存在很多问题，如装置占地面积大、操作不连续、脱硫剂再生困难、更换脱硫剂劳动力强度大、硫容低等，制约了干法脱硫的发展。通常而言，干式吸附剂对于低硫负荷气体的脱硫具有较高经济性，但对于高硫负荷气体的经济性较低。

（1）海绵铁法

氧化铁干法脱硫是一种古老的方法，该方法使用氧化铁（海绵铁）作为脱硫剂。Fe^{3+} 具有很高的氧化还原电位，可将 H_2S 氧化成单质硫而非硫酸盐等高价态含硫化合物，单质硫可直接回收利用。氧化铁干式脱硫分为两个部分，脱硫和氧化再生，反应过程如式（1-15）和式（1-16）。

脱硫反应：

$$Fe_2O_3 + 3H_2S \longrightarrow Fe_2S_3 + 3H_2O \tag{1-15}$$

氧化再生反应：

$$2Fe_2S_3 + 3O_2 \longrightarrow 2Fe_2O_3 + 6S \tag{1-16}$$

氧化铁吸附 H_2S 是不可逆过程，可做到精细脱硫。氧化铁来源广泛，价格低廉，而且操作简单、工艺成熟。该方法存在脱硫剂不可连续再生等问题，限制其进一步发展。但是，有研究发现，在脱硫的同时连续向系统内通入空气，可实现脱硫剂连续再生，显著提高脱硫效率。

商业可利用的铁氧化物吸附剂，包括 SulfaTreat（MI SWACO）、Sulfur-Rite（Merichem）、Media-G2（ADI International Inc.）等，但是目前较少有用于处理填埋气脱硫的报道。

（2）活性炭法

活性炭（activated carbon，AC）法脱硫也是当下的研究热点，活性炭又名碳分子筛，是一种多孔物质，可吸附生物气中的 H_2S 气体。活性炭具有高微孔、高内表面积和高孔隙率，也常被用作催化剂或催化剂载体。另外，活性炭可化学浸渍，使其同时具备物理吸附和化学反应性能，浸渍剂如 KOH、NaOH、

$ZnCl_2$、H_2SO_4、K_2S、H_3PO_4等。活性炭法分为脱硫和再生两个过程，当活性炭吸附 H_2S 达到饱和后，可在一定条件下再生。比如可用质量分数 12%～14%硫化铵溶液再生，反应生成的多硫化铵加热后可分解为硫化铵与单质硫，硫化铵继续循环利用，单质硫则回收利用。

活性炭吸附能力受很多因素影响，比如活化时间、活化温度、活化剂、浸渍剂等，此类因素影响活性炭的比表面积（BET）、物理化学性质、孔的尺寸和数量，进而影响活性炭的吸附能力。有研究认为，木质素含量高的物质（葡萄籽、樱桃核）制备出的活性炭具有大孔结构，而纤维素高的物质（杏仁、杏仁壳）制备出的活性炭具有微孔结构。

碳含量高、无机成分低的原材料都可用于制备活性炭，而椰壳最为常见。据有关研究表明，农业废弃物也可制备活性炭，且制备出的活性炭吸附能力强、机械强度好、灰分含量低。同时，利用污水污泥制备吸附剂（sludge-based adsorbents，SBAs）得到了大量的研究。如 Ros 等利用碱性氢氧化物活化制备 SBAs，BET 为 10～1300m^2/g，并发现高孔隙率、高金属含量和碱性 pH 值，有利于室温条件下去除 H_2S，最高吸附量（以 SBAs 中的 H_2S 计）达 456mg/g。Ros 等研究了低温条件下污泥性质对 SBAs 去除 H_2S 性能的影响，发现基于铁/钙污泥制备的 SBAs 具有最高的活性，并表现出对 H_2S 的最高去除能力。White 等基于奶牛粪厌氧消化副产物制备了活性炭并进行物理活化，发现该活性炭对 H_2S 具有很好的去除性能。在脱硫过程中通入一定量的空气，不仅能使活性炭吸附 H_2S，而且可发生表面氧化反应生成单质硫和硫酸盐。

除了活性炭外，其他吸附剂如硅胶、氧化铝、沸石等也被用于去除生物气中的 H_2S。

(3) 膜分离法

近年来，膜分离法也得到了广泛关注，相关研究越来越多。膜分离法主要有两种途径，一种是高压气体膜分离，另一种是低压气液膜分离。

高压气体膜分离是一种通过压力差去除 H_2S 的过程，气体压力通常进行三个阶段的增压：282.695kPa—1034.25kPa—3619.875kPa。第一阶段和第二阶段产生的废气可循环净化和利用，而第三阶段产生的废气直接排出或者用于蒸汽锅炉中。

低压气液膜分离是近年来发展起来的脱硫技术，脱硫效率较高。脱硫过程中，气体单方向流动，通过微孔疏水性膜流动至有碱性液体（NaOH）的一侧，而 NaOH 液体则反向流动，气液相接触时 H_2S 被碱性液体吸收并去除。当生物气中含有2%的H_2S时，去除率可达98%。Iovane等研究认为，一般情况下，H_2S的去除率都可达到58%～94%。

(4) 催化氧化法

现阶段，主要有两种选择性催化氧化H_2S的方法，分别是高温超级克劳斯(SuperClaus)法和低温Doxosulfreen法。高温超级克劳斯法是在高温（>180℃）条件下，利用氧化铝和二氧化硅为基质的Fe或Fe/Cr催化剂，以及氧气，将H_2S催化成S^0，催化效率可达到99.5%。而低温Doxosulfreen法是在低温条件(100℃)下，利用氧化铝为基质的Cu催化剂和氧气对H_2S进行催化，效率可达到99.9%。这些技术通常用于硫回收，而不是用于硫去除。这两种方法效率都非常高，但所需要的空间大、程序复杂。而且，整个过程需向生物气通入氧气，存在自爆的风险，非常危险。Mahajan等致力于一种以纳米相为基础的催化系统，通过将H_2S催化转化为单质硫和氢气，并在实验室规模上取得了积极效果。这具有巨大的优势，因为对于吸附剂而言，1 mol的气相H_2S需要22.4 L的体积；而催化转化为单质硫时，1 mol的单质硫只需要32g固体的吸附体积。

1.4.3 外部生物脱硫

外部生物脱硫是一种设立独立脱硫单元，利用特定微生物将生物气中的H_2S转化为单质硫或硫酸盐的脱硫方式。生物脱硫工艺相较于传统的物理化学过程，其运营成本更低，被广泛运用在生产中。根据微生物代谢类型不同，可分为光能自养型和化能自养型，发生的反应式如式(1-17)和式(1-18)所示。

$$H_2S+CO_2 \xrightarrow{h\nu} S^0+CH_2O+2H_2O \tag{1-17}$$

$$2H_2S+O_2 \longrightarrow 2S^0+2H_2O \tag{1-18}$$

同时，不存在氧气但具有硝酸盐的环境下，硫化物亦可以被氧化，如式(1-19)。

$$H_2S+HS^-+NO_3^-+CO_2+HCO_3^-+NH_4^+ \longrightarrow SO_4^{2-}+N_2+C_5H_7O_2N\text{（生物质）}+H^+ \tag{1-19}$$

生物法脱硫过程中，首先是H_2S气体通过气液双膜由气相转移到液相，接着液相中的H_2S被微生物吸收，再被微生物分解、转化和利用，从而达到脱硫目的。生物法脱硫常采用的反应器是生物滴滤器（biotrickling filter，BTF)，整个过程只在这一个反应器进行，降低了脱硫的投资成本。在反应器中，气体下进上出，经过生物填料时，含硫成分被特定微生物降解，经处理后的气体从反应器顶端排出。生物氧化 H_2S 是分阶段进行的，并且会产生 HS^-、S^0、$S_2O_3^{2-}$、$S_4O_6^{2-}$、SO_4^{2-} 中间代谢产物 [如式 (1-20)]。硫化物生物和化学氧化被认为都是从多硫化物的形成开始，它可以被质子化，以形成单质硫，进一步氧化会产生硫代硫酸盐、亚硫酸盐和硫酸盐等。

$$SH^- \longrightarrow S^0 \longrightarrow S_2O_3^{2-} \longrightarrow S_4O_6^{2-} \longrightarrow SO_4^{2-} \tag{1-20}$$

而负责硫化物氧化的微生物，其种类和组成依赖于环境条件和氧含量，如硫微螺菌属（*Thiomicrospira* sp.）和硫杆菌属（*Thiobacillus* sp.）。反应过程受到 pH 值、溶解氧、氧化还原电位的影响，可通过这些参数来监控反应过程。

1.4.4 原位脱硫

(1) 填埋场覆盖层原位固硫

通过改进填埋场的日覆盖层、中间覆盖层，可作为填埋气的原位固硫措施。部分 H_2S 在垃圾填埋体传输的过程中，通过覆盖层而被去除，从而降低填埋气的 H_2S 浓度。而终场覆盖层是填埋气和大气环境之间的接口（或称为连接部），其对 H_2S 的去除主要是出于恶臭控制的目的。

虽然传统的黏土覆盖技术比较成熟，但存在 H_2S 去除效果差、占用库容大（浪费库容严重）、黏土获取难等缺点。生物覆盖层（biocover），如堆肥和填埋稳定的垃圾（矿化垃圾或陈化垃圾），类似于含腐殖质的土壤，具有良好的多孔结构、较大的比表面积、较高的阳离子交换能力和丰富的生物量等特性，可有效削减生活垃圾中 H_2S 的释放。H_2S 被生物覆盖层去除的过程类似于生物滤池，包括两个方面：H_2S 吸附到液/固相和生物降解。夏芳芳研究了垃圾生物覆盖土（waste biocover soil，WBS）对填埋气中 H_2S 的净化机制，发现填埋场覆盖土呈现出较强的硫氧化净化能力和硫酸盐还原能力，且两者分别与硫氧化细菌（sulfur oxidizing bacteria，SOB）和硫酸盐还原菌（sulfate reducing bacteria，SRB）的数量相关。覆盖土的 pH 值、含水率、有机质及含硫化合物含量等理化指标中，pH 值是影响 SOB 和 SRB 群落结构分布与丰度的最主要因素。

Plaza 等对沙土、石灰沙土、黏土、细水泥和粗水泥 5 种填料减少恶臭中 H_2S 释放进行了模拟试验，结果表明：不同填料的去除效果存在差异，石灰沙土和细水泥的去除率最高，达到 99%；而黏土和沙土的去除率较低，分别为 65%和 30%。Lazarevic 等提出了替代日覆盖层（alternative daily cover，ADC）的概念，在生物反应器系统内，考察了赤铁矿（haematite）、磁铁矿（magnetite）、净水厂的氢氧化铁废弃物等替代日覆盖层对 H_2S 的去除能力，结果显示对 H_2S 的去除效果良好。

尽管目前已有不少研究证明，不同覆盖层可有效削减生活垃圾填埋场中沼气的 H_2S 浓度，但是仍局限于实验室规模，鲜见相关工程案例的公开报道。

(2) 基于微氧或适度氧化的内部生物法脱硫技术

事实上，一些硫化物氧化细菌已存在于厌氧消化底物中，而且厌氧消化过程也可满足该类细菌的营养物质需求。传统观点认为氧气的进入可能会损害厌氧消化的正常进行，甚至破坏该过程。但是，一些与有机物厌氧消化有关的微生物具有更高耐氧性能，微氧环境并没有抑制产甲烷菌的活性。

Díaz 等和 van der Zee 等系列研究发现，向生物反应器（bioreactor）引入微量/适量氧气（microaerobic 或 moderate oxygenation）可有效降低生物气中 H_2S 的含量。Díaz 等考察了纯氧、空气对污泥厌氧消化反应器的氧化作用，当供氧（0.25 m^3/m^3，以物料中的供氧量计）后，生物反应器的 H_2S 含量从 15811mg/m^3降低到低于 400mg/m^3。空气的引入（1.27m^3/m^3，以物料中的空气量计）除去超过 99%的 H_2S 含量，使最终浓度降低至 55mg/m^3。空气作为最常见的氧气供给源，相较于纯氧具有一系列优势，但是这伴随着另一缺陷：引入空气中的氮气将会降低生物气中甲烷的浓度，进而影响后续资源化利用。

(3) 其他污水和污泥恶臭原位控制技术

其他污水和污泥恶臭原位控制技术，包括向污泥鼓入空气，投入硝酸盐、氧化剂、铁盐等试剂，调节体系 pH 值等，各技术的原理及其优缺点如表 1-3 所示。

表 1-3 污水和污泥恶臭原位控制技术

方法	优点	缺点
注入空气（或纯氧）增加污泥（或污水）环境的溶解氧浓度，以防止厌氧条件的形成，并加快硫化物氧化	空气是现成的——无需运输，也不添加化学品；没有负面的副产物形成	氧气在水中的溶解度低，仅局部起作用，因此需要多个注入点，能量消耗高并且具有维护要求

续表

方法	优点	缺点
通过添加硝酸盐[KNO_3或 Ca（NO_3）$_2$]提高 ORP——鼓励缺氧而非厌氧的生物代谢氧	硝酸盐高度可溶，从而在污泥（污水）中累积高浓度硝酸盐，而这可充分渗透到生物膜中，进而有效防止厌氧条件的形成；相对便宜的化学试剂	仅是预防性的措施，而不是硫化物的去除方法。注入前产生的硫化物不会被处理；需要不必要地抗衡污泥（污水）阳离子（如 Na^+、K^+、Ca^{2+}）；需要频繁运输化学品到注入点；硝酸盐可能产生负面效应；需要建立控制系统，以优化投加剂量；在厌氧消化中可能无法取得一个较为可观的硫化氢去除率
恶臭气味化合物的化学氧化，如臭氧、过氧化氢、氯化合物、高锰酸钾、高价铁 Fe（Ⅵ）等	O_3——不需要添加盐类；无有害反应副产物； H_2O_2——特定针对硫化物；没有盐和其他副产物产生；增加水环境溶解氧含量 Cl_2和 Fe（Ⅵ）等强氧化剂——去除 H_2S 效率高，也可去除其他有机物质	对于一般所有药剂：对运输和维修人员有毒害作用；购买和处理费用昂贵；非特异性氧化剂，也就是没有氧化选择性（在体系中没有必要地消耗其他还原性物质），因此投加量远高于化学计量得到的剂量，而且作用功效的时间较短
添加铁盐——三价铁、亚铁或两者的组合，如 $FeCl_3$、$FeCl_2$、Fe（NO_3）$_3$、Fe_2（SO_4）$_3$	Fe^{3+}可针对性和有效性地氧化硫化物，随后生成硫化亚铁沉淀（双重功效），没有毒性，无有害的副产物，价格相对低廉，可以帮助水溶性磷化合物的浓度降低	Fe^{3+}的氧化性被体系中没有必要的其他还原性物质消耗；不会氧化沉淀除了硫化物以外的任何其他异味化合物。可能会增加不良阴离子，可能会造成非预期的絮凝沉降。也可能会与磷化合物沉淀，进而增加剂量超过化学计量；其中氧化和沉淀作用均非特异性。厌氧消化中，大量 Fe^{3+}/Fe^{2+}的引入对微生物特别是 MPB 具有毒害作用，提高环境条件 ORP，可对厌氧消化造成不利影响
通过加入强碱使 pH 值提高到 8.5 以上，从而使溶解的硫化物在平衡中转向非挥发性的种类（S^{2-}、HS^-）	本地气味削减中可能是有效的	只在本地有效，因为 pH 值必然会在下游减小；加入了不必要的盐；由于污水的缓冲能力高，因而要求高，需要严格控制；在厌氧消化中，可对厌氧消化环境条件造成损害，影响 MPB 代谢
补充与硫酸盐还原菌竞争的微生物	也可能减少污泥（污水）处置末端的 BOD 和含固量	对下游处理系统潜在影响的不确定性；效果也具有不确定性，可靠性较低
向污水中添加苯甲酸甲酯（聚乙二醇作为乳化液）	可高效降低人类工作场合的硫化氢浓度	处理成本较高，仅能在局部区域应用

参考文献

[1] Díaz I, Lopes A C, Pérez S I, et al. Performance evaluation of oxygen, air and nitrate for the microaerobic removal of hydrogen sulphide in biogas from sludge digestion [J]. Bioresource Technology, 2010, 101 (20): 7724-7730.

[2] Madigan M T, Martinko J M, Stahl D, et al. Brock biology of microorganisms [M]. San Francisco: Benjamin Cummings, 2012.

[3] Widdel F. Microbiology and ecology of sulfate and sulfur-reducing bacteria [M] //Zehnder A J B. Biology of anaerobic microorganisms. New York: John Wiley & Sons, Inc. , 1988.

[4] Fritsche W. Umwelt-mikrobiologie: Grundlagen and anwendung [M]. Berlin: Fishcer Publishing, 1998.

[5] 韩丹. 生活垃圾填埋场甲烷温室气体生物减排技术及示范 [D]. 上海: 同济大学, 2011.

[6] 马保国, 胡振琪, 张明亮. 高效硫酸盐还原菌的分离鉴定及其特性研究 [J]. 农业环境科学学报, 2008, 27 (2): 608-611.

[7] Postgate J R. The sulphate-reducing bacteria [M]. 2nd ed. Cambridge: Cambridge University Press, 1984.

[8] 付玉斌. 硫酸盐还原菌诱发腐蚀的研究特点 [J]. 材料开发与应用, 1999, 14 (5): 45-47.

[9] 孙旭. 生活垃圾填埋场恶臭控制与焚烧厂飞灰及渗滤液处理技术研究 [D]. 上海: 同济大学, 2011.

[10] 陈效, 孙立苹, 徐盈, 等. 硫酸盐还原菌的分离和生理特性研究 [J]. 环境科学与技术, 2006, 29 (9): 38-40.

[11] Dévai I, Delaune R D. Emissions of reduced gaseous sulfur compounds from wastewater sludge: Redox effects [J]. Environmental Engineering Science, 2000, 17 (1): 1-8.

[12] 王明超. 基于恶臭控制的填埋作业工艺技术研究 [D]. 上海: 同济大学, 2012.

[13] Su L H, Huang S, Niu D J, et al. Municipal solid waste management in China [M] // Pariatamby A, Tanaka M. Municipal solid waste management in Asia and the Pacific islands. Pariatamby A, Tanaka M Singapore: Springer, 2014.

[14] Hurst C, Longhurst P, Pollard S, et al. Assessment of municipal waste compost as a daily cover material for odour control at landfill sites [J]. Environmental Pollution, 2005, 135 (1): 171-177.

[15] Parker T, Dottridge J, Kelly S. Investigation of the composition and emissions of trace components in landfill gas (P1-438/TR) [R]. Environment Agency: Bristol, UK, 2003.

[16] Kim K H. Emissions of reduced sulfur compounds (RSC) as a landfill gas (LFG): A comparative study of young and old landfill facilities [J] . Atmospheric Environment, 2006, 40 (34): 6567-6578.

[17] 闫凤越，邹克华，李伟芳，等．垃圾填埋场恶臭气体的指纹谱 [J]．环境化学，2013，32 (5)：854-859.

[18] 沈东升，何若，刘宏远．生活垃圾填埋生物处理技术 [M]．北京：化学工业出版社，2003.

[19] Chen Z, Gong H, Jiang R, et al. Overview on LFG projects in China [J] . Waste Management, 2010, 30 (6): 1006-1010.

[20] Capelli L, Sironi S, Del Rosso R, et al. A comparative and critical evaluation of odour assessment methods on a landfill site [J] . Atmospheric Environment, 2008, 42 (30): 7050-7058.

[21] 胡斌．垃圾填埋场恶臭污染解析与控制技术研究 [D]．杭州：浙江大学，2010.

[22] Lubian E. Porphyrin derivatives as optical molecular sensors [D] . Padova: Universit Degli Studi Di Padova, 2010.

[23] Firer D, Friedler E, Lahav O. Control of sulfide in sewer systems by dosage of iron salts: Comparison between theoretical and experimental results, and practical implications [J]. Science of the Total Environment, 2008, 392 (1): 145-156.

[24] 朱雁伯，王溪蓉，张礼文，等．排水系统中硫化氢的危害及预防措施 [J]．中国给水排水，2000，16 (9)：45-47.

[25] USEPA. Sewer system infrastructure analysis and rehabilitation [R] . U S EPA Ofice of Research and Deveopment, 1991.

[26] 刘华平，李田．上海市排水管道硫化氢腐蚀的探察与分析 [J]．给水排水，2005，31 (6)：91-94.

[27] Diaz I, Perez S I, Ferrero E M, et al. Effect of oxygen dosing point and mixing on the microaerobic removal of hydrogen sulphide in sludge digesters [J] . Bioresource Technology, 2011, 102 (4): 3768-3775.

[28] Maestre J P, Rovira R, Alvarez-Hornos F J, et al. Bacterial community analysis of a gas-phase biotrickling filter for biogas mimics desulfurization through the rRNA approach [J]. Chemosphere, 2010, 80 (8): 872-880.

[29] Deublein D, Steinhauser A. Biogas from waste and renewable resources: An introduction [M]. Weinheim: Wiley-VCH, 2007.

[30] 李金洋，敖永华，刘庆玉．沼气脱硫方法的研究 [J]．农机化研究，2008 (8)：228-230.

[31] Clarke E T, Solouki T, Russell D H, et al. Transformation of polysulfidic sulfur to elemental sulfur in a chelated iron, hydrogen sulfide oxidation process [J] . Analytica Chimica

Acta，1994，299（1）：97-111.

[32] Eng S J，Motekaitis R J，Martell A E. The effect of end-group substitutions and use of a mixed solvent system on β-diketones and their iron complexes [J]. Inorganica Chimica Acta，1998，278（2）：170-177.

[33] Eng S J，Motekaitis R J，Martell A E. Degradation of coordinated β-diketonates as iron chelate catalysts during the oxidation of H_2S to S_8 by molecular oxygen [J]. Inorganica Chimica Acta，2000，299（1）：9-15.

[34] McManus D，Martell A E. The evolution，chemistry and applications of chelated iron hydrogen sulfide removal and oxidation processes [J]. Journal of Molecular Catalysis A：Chemical，1997，117（1-3）：289-297.

[35] Feng L，Gen X B，Hong S X，et al. Advances in desulfurization with wet oxidation process [J]. Modern Chemical Industry，2003，23（5）：21-24.

[36] 李坚，张书景，金毓墨，等. 污水处理厂消化沼气脱硫（H_2S）实验 [J]. 环境工程，2006，24（1）：43-46.

[37] Baspinar A B，Turker M，Hocalar A，et al. Biogas desulphurization at technical scale by lithotrophic denitrification：Integration of sulphide and nitrogen removal [J]. Process Biochemistry，2011，46（4）：916-922.

[38] Wubs H J，Beenackers A A C M. Kinetics of the oxidation of ferrous chelates of EDTA and HEDTA in aqueous solution [J]. Industrial & Engineering Chemistry Research，1993，32（11）：2580-2594.

[39] Heguy D L，Nagl G J. Consider optimized iron-redox processes to remove sulfur. [J]. Hydrocarbon Processing，2003，82：53-57.

[40] Guo F，Li F Y，Cao Z G，et al. Research on absorption process technology for high concentration H_2S treatment by compounded complex ferric solution [J]. Chemical and Refinery Industry，2007，18（2）：7-9.

[41] Qi G S，Liu Y Z，Jiao W Z. Desulfurization by high gravity technology [J]. Chemical Industry and Engineering Progress，2008，27（9）：1404-1407.

[42] 曹会博，李振虎，郝国均，等. 超重力络合铁法脱除石油伴生气中 H_2S 的中试研究 [J]. 石油化工，2009，38（9）：971-974.

[43] 杨建平，李海涛，肖九高，等. 络合铁法脱除酸气中硫化物的试验研究 [J]. 化学工业与工程技术，2002，23（2）：23-24.

[44] 姜力夫，高灿柱，王志衡，等. 螯合铁湿法催化煤气脱硫工业试验 [J]. 山东化工，1998（1）：33-35.

[45] Ko J H，Xu Q，Jang Y C. Emissions and control of hydrogen sulfide at landfills：A review [J]. Critical Reviews in Environmental Science and Technology，2015，45（19）：2043-2083.

[46] Environment Agency. Guidance on gas treatment technologies for landfill gas engines [R] . 2010.

[47] Gabriel D, Deshusses M A. Retrofitting existing chemical scrubbers to biotrickling filters for H_2S emission control [C] . Proceedings of the National Academy of Sciences of the United States of America, 2003, 100 (11): 6308-6312.

[48] 牛克胜, 孙严声 . 沼气干法脱硫连续再生工艺综述 [J] . 中国沼气, 2003, 21 (1): 26-27.

[49] Fan M, Marshall W, Daugaard D, et al. Steam activation of chars produced from oat hulls and corn stover [J] . Bioresource Technology, 2004, 93 (1): 103-107.

[50] Ioannidou O, Zabaniotou A. Agricultural residues as precursors for activated carbon production—A review [J] . Renewable and Sustainable Energy Reviews, 2007, 11 (9): 1966-2005.

[51] Smith K M, Fowler G D, Pullket S, et al. Sewage sludge-based adsorbents: A review of their production, properties and use in water treatment applications [J] . Water Research, 2009, 43 (10): 2569-2594.

[52] 王钢, 王欣, 刘伟, 等 . 沼气脱硫技术研究 [J] . 化学工程师, 2008, 22 (1): 33-44.

[53] Savova D, Apak E, Ekinci E, et al. Biomass conversion to carbon adsorbents and gas [J]. Biomass and Bioenergy, 2001, 21 (2): 133-142.

[54] Tsai W T, Chang C Y, Lee S L. Preparation and characterization of activated carbons from corn cob [J] . Carbon, 1997, 35 (8): 1198-1200.

[55] Ros A, Lillo-Ródenas M A, Canals-Batlle C, et al. A new generation of sludge-based adsorbents for H_2S abatement at room temperature [J] . Environmental Science & Technology, 2007, 41 (12): 4375-4381.

[56] Ros A, Montes-Moran M A, Fuente E, et al. Dried sludges and sludge-based chars for H_2S removal at low temperature: Influence of sewage sludge characteristics [J]. Environmental Science & Technology, 2006, 40 (1): 302-309.

[57] White A J. Development of an activated carbon from anaerobic digestion by-product to remove hydrogen sulfide from biogas [D] . Toronto: University of Toronto, 2012.

[58] Wellinger A, Lindberg A. Biogas upgrading and utilisation-IEA bioenergy, task 24-energy from biological conversion of organic waste [R] . Oxfordshire: IEA Bioenergy, 2005.

[59] Ryckebosch E, Drouillon M, Vervaeren H. Techniques for transformation of biogas to biomethane [J] . Biomass and Bioenergy, 2011, 35 (5): 1633-1645.

[60] Iovane P, Nanna F, Ding Y, et al. Experimental test with polymeric membrane for the biogas purification from CO_2 and H_2S [J] . Fuel, 2014, 135: 352-358.

[61] Mahajan D, Tonjes D J, Mamalis S, et al. Effective landfill gas management strate-

gies for methane control and reuse technology [J] . Journal of Renewable and Sustainable Energy, 2015, 7 (4): 20018-20022.

[62] 陈沛全，曾彩明，李娴，等. 沼气净化脱硫工艺的研究进展 [J]. 环境科学与管理，2010，35 (4)：125-129.

[63] Syed M, Soreanu G, Falletta P, et al. Removal of hydrogen sulfide from gas streams using biological processes—A review [J] . Canadian Biosystems Engineering, 2006, 48: 2.1-2.14.

[64] Ramírez M, Gómez J M, Aroca G, et al. Removal of hydrogen sulfide by immobilized Thiobacillus thioparus in a biotrickling filter packed with polyurethane foam [J]. Bioresource Technology, 2009, 100 (21): 4989-4995.

[65] Kelly D P, Shergill J K, Lu W P, et al. Oxidative metabolism of inorganic sulfur compounds by bacteria [J] . Antonie Van Leeuwenhoek, 1997, 71 (1-2): 95-107.

[66] Tang K, Baskaran V, Nemati M. Bacteria of the sulphur cycle: An overview of microbiology, biokinetics and their role in petroleum and mining industries [J] . Biochemical Engineering Journal, 2009, 44 (1): 73-94.

[67] He R, Xia F F, Wang J, et al. Characterization of adsorption removal of hydrogen sulfide by waste biocover soil, an alternative landfill cover [J] . Journal of Hazardous Materials, 2011, 186 (1): 773-778.

[68] He R, Ruan A, Shen D S. Effects of methane on the microbial populations and oxidation rates in different landfill cover soil columns [J] . Journal of Environmental Science and Health, 2007, 42 (6): 785-793.

[69] Duan H Q, Yan R, Koe L C C, et al. Combined effect of adsorption and biodegradation of biological activated carbon on H_2S biotrickling filtration [J] . Chemosphere, 2007, 66 (9): 1684-1691.

[70] Duan H Q, Koe L C C, Yan R. Treatment of H_2S using a horizontal biotrickling filter based on biological activated carbon: Reactor setup and performance evaluation [J]. Applied Microbiology and Biotechnology, 2005, 67 (1): 143-149.

[71] 夏芳芳. 垃圾生物覆盖土对填埋气中 H_2S 的净化作用及机理研究 [D]. 杭州：浙江大学，2014.

[72] Plaza C, Xu Q Y, Townsend T, et al. Evaluation of alternative landfill cover soils for attenuating hydrogen sulfide from construction and demolition (C&D) debris landfills [J]. Journal of Environmental Management, 2007, 84 (3): 314-322.

[73] Lazarevic D A. In-situ removal of hydrogen sulphide from landfill gas: Arising from the interaction between municipal solid waste and sulphide mine environments within bioreactor conditions [D] . Stockholm: KTH Royal Institute of Technology, 2007.

[74] Estrada-Vazquez C, Macarie H, Kato M T, et al. The effect of the supplementation

with a primary carbon source on the resistance to oxygen exposure of methanogenic sludge [J]. Water Science and Technology，2003，48 (6)：119-124.

[75] Zitomer D H，Shrout J D. Feasibility and benefits of methanogenesis under oxygen-limited conditions [J] . Waste Management，1998，18 (2)：107-116.

[76] van der Zee F P，Villaverde S，Garcia P A，et al. Sulfide removal by moderate oxygenation of anaerobic sludge environments [J] . Bioresource Technology，2007，98 (3)：518-524.

[77] 苏良湖 . 生物污泥和城市生活垃圾处置过程的原位固硫与恶臭削减技术 [D] . 上海：同济大学，2013.

第2章

脱水污泥在氢氧化铁作用下的原位固硫与恶臭削减

- 氢氧化铁对脱水污泥硫化氢释放的影响
- 氢氧化铁对脱水污泥氨气和挥发性脂肪酸释放的影响
- 氢氧化铁对脱水污泥恶臭指数的影响
- 污泥固相基质元素分析
- 氢氧化铁对污泥硫和磷形态的影响
- 氢氧化铁原位固硫和恶臭削减机制分析
- 参考文献

在污泥处理过程中，化学氧化硫化氢或者形成不溶于水的金属硫化物沉淀，以及两者的组合，是常见的减少硫化氢排放的方法。不同的化学氧化剂包括氧气、过氧化氢（镁）、硝酸盐、铁盐 Fe（Ⅲ）、氯、次氯酸盐、高锰酸钾以及高铁酸盐 Fe（Ⅵ）等，已用于污泥（污水）输送系统（sludge/sewage conveyance systems，S/SCS）与污泥浓缩、污泥厌氧消化等过程的硫化氢控制。

氢氧化铁具有用于脱水污泥恶臭控制的重要潜力。氢氧化铁是由短链有序排列的 Fe（O，OH，OH_2)$_6$组成的，是一种晶型极差的纳米粒径的水合氢氧化物，可在厌氧条件下以被一系列还原剂或者铁还原菌（iron-reducing bacteria，IRB)，甚至硫酸盐还原细菌（sulphate reducing bacteria，SRB)，还原溶解。特别是其可以被硫化物还原溶解的特性，使得氢氧化铁具有比其他传统的化学氧化剂更高的选择性，因此具备长期控制污泥硫化氢释放的潜质。

本章重点考察不同剂量氢氧化铁对市政污水厂新鲜脱水污泥处置过程中的恶臭削减效果。其中恶臭削减效率通过电子鼻和恶臭化合物（硫化氢、氨气，挥发性脂肪酸）来表征。电子鼻是与人的鼻子类似结构的复杂系统，主要是由具有部分选择性的传感器阵列和模式识别系统组成。对厌氧发酵前后污泥的硫形态，包括硫酸根、酸挥发性硫（acid volatile sulphide，AVS)，Cr（Ⅱ）-还原性硫［Cr（Ⅱ）-reducible sulphide，CRS］和单质硫（elemental sulphur，ES）进行分析，以阐明氢氧化铁-硫化物在体系中的反应产物。此外，对污泥恶臭和硫化氢的浓度进行相关性分析，对硫铁矿（pyrite）的形成机制以及利用氢氧化铁控制污泥恶臭的潜力进行讨论。最后，归纳总结了氢氧化铁对脱水污泥的恶臭原位固硫和恶臭削减的作用特性。

2.1 氢氧化铁对脱水污泥硫化氢释放的影响

氢氧化铁可以非常有效降低污泥中硫化氢的释放。未添加氢氧化铁时，100g 脱水污泥样品每 4d 的硫化氢产生速率从 495μg 上升到 2132 μg，后逐渐下降至 613 μg（图 2-1）。硫化氢的释放速率与污泥厌氧体系的形成以及硫酸根被 SRB 还原的减量有关，即污泥厌氧体系的形成提高 SRB 的活性加速硫化氢的释放，而硫酸根强度的降低降低了硫化氢的释放速率。添加不同剂量的氢氧化铁使脱水污泥硫化氢的产生量显著降低。重复测量 ANOVA（repeated-measures ANOVA）表明氢氧化铁的添加对硫化氢的去除具有显著性（$P<0.001$)。

在 32d 内，添加 0.05％、0.10％和 0.25％的氢氧化铁分别使污泥的硫化氢

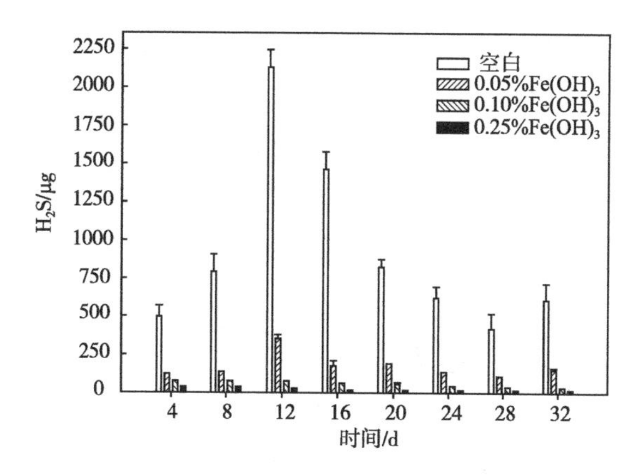

图 2-1 不同剂量氢氧化铁对污泥硫化氢释放速率的影响

去除率达到 81.3%（73.4%～87.8%）、93.7%（84.9%～96.4%）和 97.5%（92.8%～ 98.8%）。硫化氢的去除效率与添加剂量呈现正相关关系。32 d 内，空白、添加 0.05%、0.10%和 0.25%的氢氧化铁，每 100g 脱水污泥的累计硫化氢释放量分别为（7.36±0.27）mg、（1.38±0.04）mg、（0.46± 0.01）mg、（0.18±0.00）mg。

脱水污泥的硫化氢去除效率与硫化氢和氢氧化铁的界面可接触性有密切关系（也就是反应位点的数目），即通过硫化物与氢氧化铁的表面发生反应对硫进行固定，是降低硫化氢的释放量的重要途径。因此，脱水污泥的硫化氢去除效果不仅与氢氧化铁的添加剂量有关，而且与其粒径大小和粒径分布也有密切关系。

2.2 氢氧化铁对脱水污泥氨气和挥发性脂肪酸释放的影响

氢氧化铁不会提高脱水污泥厌氧处理过程的 pH 值。未添加氢氧化铁，污泥体系 pH 值的总体趋势是 8d 后从 8.64 轻微下降至 8.55，这可能是由于污泥中有机质降解形成了有机酸。当有机酸随之被生物降解，污泥体系的 pH 值逐渐提高至 9.10 并保持稳定。添加不同剂量氢氧化铁的污泥，在 32d 后 pH 值均大约为 9.10（图 2-2）。方差分析（ANOVA）结果表明，经过氢氧化铁处理和空白组的污泥，其 pH 值变化不存在显著差异。

氢氧化铁的添加对氨气的释放速率没有明显影响，如图 2-3 所示。未添加氢氧化铁，100g 脱水污泥样品每 4 d 的氨气释放速率，随时间从 369 μg 逐渐提高

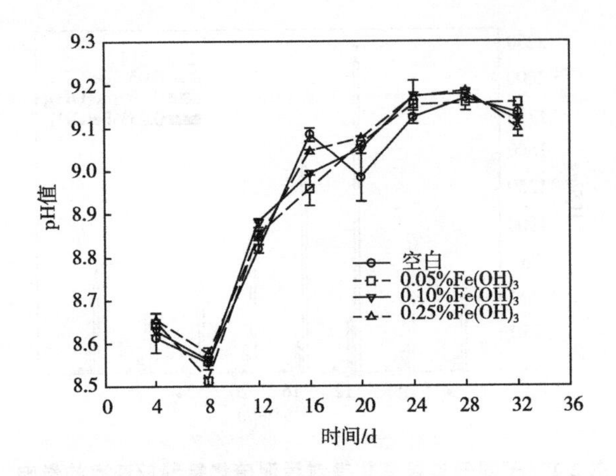

图 2-2 不同剂量氢氧化铁对污泥体系 pH 值的影响

至 1135 μg，该趋势部分是由于污泥体系 pH 值的提高而导致。氨气释放速率随时间的变化具有显著性（$P<0.001$）。未添加氢氧化铁的氨气平均释放速率为 176 μg/d，而添加 0.05%、0.10%和 0.25%氢氧化铁的污泥的氨气释放速率分别为 182μg/d、185μg/d 和 183 μg/d。根据 ANOVA 分析，经过氢氧化铁处理的污泥和未经处理的污泥，其氨气释放速率不存在显著差异。经过 32d 的厌氧处理后，污泥的氨气释放速率没有下降的迹象。

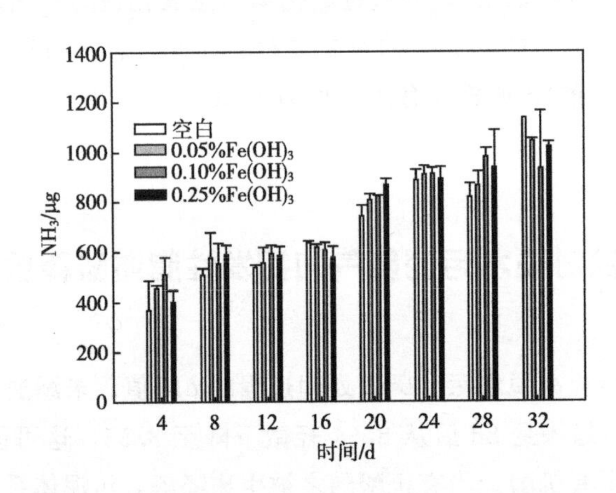

图 2-3 不同剂量氢氧化铁对污泥氨气释放的影响

不同剂量的氢氧化铁均在不同程度上降低了挥发性脂肪酸（volatile fatty acids，VFAs）的释放。污泥厌氧环境下释放到顶空中的 VFAs 主要为乙酸、丙酸、异丁酸和异戊酸，而正丁酸和正戊酸的量很少。表 2-1 显示，在添加 0.25%氢氧化铁后，乙酸、丙酸、异丁酸和异戊酸的去除率分别为 72.0%、

73.2%、75.0%和76.3%。整体而言，氢氧化铁的添加量与挥发性脂肪酸的去除效率呈正相关。据 Peiffer 研究，OH^- 可以在氢氧化铁被硫化物还原溶解的过程中被释放出来，进而与 VFAs 相中和，从而减少 VFAs 的释放。

表 2-1 不同剂量氢氧化铁对污泥厌氧处理过程 VFAs 释放的影响 单位：μg

氢氧化铁剂量	挥发性脂肪酸（VFAs）					
	乙酸	丙酸	正丁酸	异丁酸	正戊酸	异戊酸
空白	155.13	45.90	2.21	20.63	3.85	15.25
0.05% 氢氧化铁	76.50	20.84	n. d.①	10.16	n. d.	7.14
0.10% 氢氧化铁	46.84	13.44	n. d.	5.17	n. d.	3.69
0.25% 氢氧化铁	43.55	12.30	n. d.	5.17	n. d.	3.61

①n. d.：未检出。

2.3 氢氧化铁对脱水污泥恶臭指数的影响

添加氢氧化铁可使脱水污泥的恶臭得到明显减缓。恶臭指数测定是通过高纯氮将污泥厌氧装置的顶空气体吹扫至聚酯无臭袋，并由新鲜无臭空气稀释成3L，而后通过电子鼻测定。恶臭指数随时间的变化趋势和硫化氢类似，未添加氢氧化铁时，恶臭指数在12d内从42.1上升至49.0，然后逐渐下降至43.0。添加0.05%、0.10%和0.25%的氢氧化铁可以使恶臭指数分别降低2.8～7.5、5.1～13.8和5.3～16.0，以恶臭浓度而言（通过换算），可下降69%（48%～83%）、84%（68%～96%）和89%（76%～98%）（图2-4）。

经过氢氧化铁处理的污泥和未经处理的污泥，其恶臭指数的差异具有显著性（$P<0.01$）。同时，需要注意的是，随着时间的推移，不同剂量氢氧化铁的恶臭指数的差值从10.0下降至0.5，而且添加氢氧化铁和未添加氢氧化铁的污泥的恶臭指数的差值也在降低。这一现象可能与污泥的硫化氢释放速率随时间而降低有关。将空白组与氢氧化铁添加污泥的恶臭指数差值进行分析，见图2-5。由图可知，随着时间的推移硫化氢的角色在后期逐步弱化，这可能是由于硫化氢释放量因硫酸根消耗而降低，也有可能是其他致臭化合物的产生导致硫化氢对总体恶臭的贡献率降低所致。

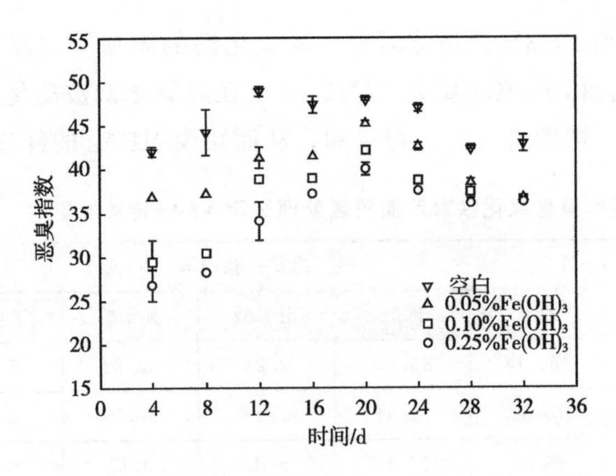

图 2-4 不同剂量氢氧化铁对污泥的恶臭指数的影响

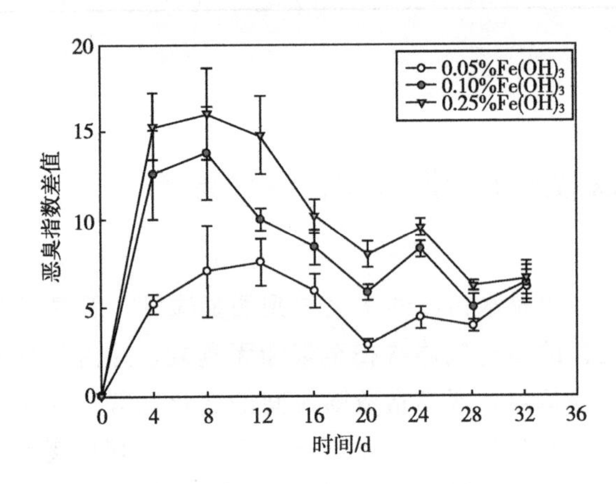

图 2-5 氢氧化铁添加组与空白的恶臭指数差值

2.4 污泥固相基质元素分析

固相基质的元素分析用于考察污泥固相中硫和碳等元素在不同剂量氢氧化铁作用下的含量变化。不同时间阶段的污泥固相元素分析结果如表 2-2 所示。由于氢氧化铁的加入，使得脱水污泥中的总氮和总硫的含量相应降低。总体而言，氢氧化铁的加入不会对氮的降解规律产生影响。对于总硫而言，虽然污泥中的硫通过向顶空释放硫化氢等含硫恶臭气体，从而降低了污泥的固相硫，但是由于污泥的有机质的降解，从而使得污泥中总硫呈现先下降后上升的趋势。经过 32 d 后，空白，添加 0.05%、0.10%和 0.25%氢氧化铁的污泥中，总硫含量分别从 1.40%下降到 1.29%，1.38%下降到 1.31%，1.32%上升到 1.34%，1.25%上升到 1.31%。从污泥固相的总硫变化上看，氢氧化铁的加入在一定程度上具有固硫的作用。但是由于污泥本身有机质的降解，在 32d 时间范围内污泥中硫元素含量的变化相对较小而大部分有机硫可能未被降解，元素分析的误差和不同形态硫的回收效率等问题，使得污泥的硫元素分析难于直接表征污泥的硫动态变化规律。

表 2-2 不同剂量氢氧化铁对污泥总氮和总硫的影响

单位：%，除碳氮比外，干基

时间/d	空白			0.05%氢氧化铁			0.10%氢氧化铁			0.25%氢氧化铁		
	总氮	总硫	C/N	总氮	总硫	C/N	总氮	总硫	C/N	总氮	总硫	C/N
0	5.81	1.40±0.02	5.62	5.81	1.38±0.03	5.61	5.65	1.32±0.00	5.72	5.70	1.25±0.01	5.65
4	5.57	1.31±0.04	5.82	5.51	1.21±0.01	5.79	5.49	1.22±0.03	5.79	5.44	1.24±0.04	5.85
8	5.59	1.20±0.00	5.78	5.39	1.19±0.03	5.85	5.49	1.25±0.02	5.85	5.36	1.25±0.01	5.84
12	5.36	1.22±0.04	5.85	5.43	1.24±0.02	5.81	5.30	1.23±0.02	6.08	5.25	1.27±0.03	5.98
16	5.44	1.23±0.02	5.88	5.35	1.27±0.01	6.02	5.25	1.26±0.02	5.97	5.20	1.28±0.04	6.04
20	5.20	1.23±0.00	6.02	5.17	1.30±0.04	6.16	5.20	1.35±0.01	6.12	5.07	1.34±0.04	6.21
24	5.21	1.23±0.01	6.12	5.07	1.30±0.00	6.25	5.10	1.32±0.01	6.19	4.97	1.32±0.02	6.44
28	5.22	1.30±0.03	6.09	5.14	1.32±0.02	6.27	5.12	1.32±0.03	6.21	4.90	1.32±0.03	6.32
32	5.23	1.29±0.02	6.06	5.14	1.31±0.02	6.19	5.11	1.34±0.01	6.21	4.93	1.31±0.03	6.32

2.5 氢氧化铁对污泥硫和磷形态的影响

2.5.1 污泥还原性无机硫形态分析方法建立

通过借鉴沉积物/土壤中还原性无机硫（reduced inorganic sulphur，RIS）的表征方法，建立生物污泥的 RIS 形态分析方法。沉积物中硫化物主要为含铁和锰的硫化物，其中认为占据重要地位的是含铁的硫化物。传统观点认为沉积物中的含铁硫化物根据结构和晶体分析包括：

a. Mackinawite（马基诺矿）：四方体构形的亚铁硫化物，组成为 FeS_{1-x}，x 一般为 0.04～0.10。其中以前研究认为的无定形 FeS（am FeS）现在被广泛认为是 Mackinawite。

b. Greigite（硫复铁矿）：具有高度铁磁性，组成为Fe_3S_4。

c. Pyrite（硫铁矿）：立体构形的硫化物，其组成为FeS_2。

Morse和Rickard根据对沉积物中AVS的潜在源分析，提出：

$C_{AVS\text{-}S}=\Sigma C_{S^{-2},溶解}+C_{S^{-2},团簇和纳米颗粒}+\Sigma C_{S^{-2},矿物}$

其中$\Sigma C_{S^{-2},溶解}=C_{H_2S\,aq}+C_{HS^-}+C_{Fe_xHS_y}$，其中$Fe_xHS_y$为Fe（Ⅱ）的硫化物络合物；

$\Sigma C_{S^{-2},矿物}=\Sigma C_{FeS,矿物}+C_{fFeS_2}$，其中$fFeS_2$为$FeS_2$可溶解于HCl部分。

尽管Morse和Rickard对AVS的潜在源进行分析，但是由于AVS是一种操作上的概念，因此AVS的含量与提取的方法有密切关系。基于Hsieh等，Rickard和Morse，van den Hoop等的研究，图2-6显示RIS的硫形态可分步提取性分析。由于生物污泥的絮体特性，因此采用传统土壤或者沉积物的AVS等测定程序使得硫化氢的回收不完全，无法准确测量。本章建立了生物污泥的RIS的形态分析方法，通过将污泥样品置于5%ZnAc厌氧环境中以600r/min搅拌4～6h，可以有效破坏生物污泥的絮体结构，并将黏稠污泥稀释成污水状，再利用污水的传统硫化物分析方法提取，具有较好的回收率以及操作平行性和可重复性。此外，生物污泥的AVS、CRS和ES的提取优化时间分别为72h、48h和48h，高于土壤或沉积物所需的提取时间。

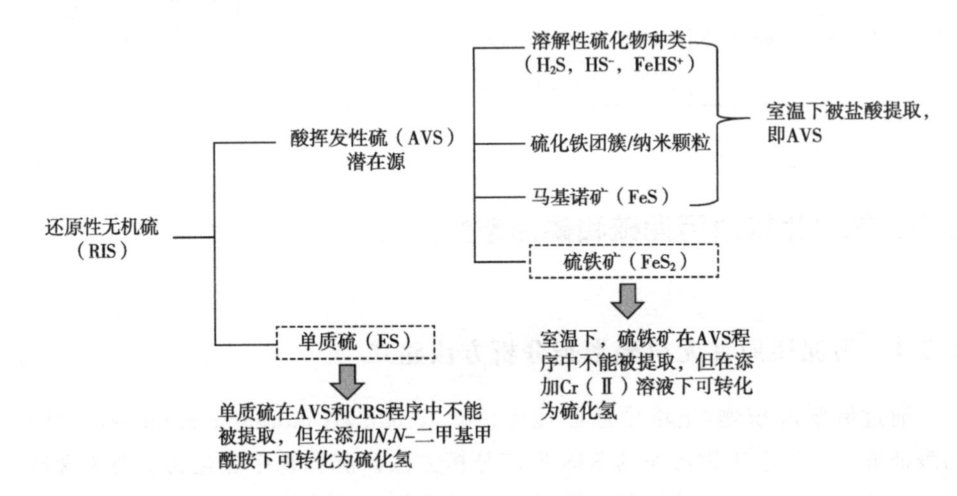

图2-6 RIS的硫形态可分步提取性分析

整体而言，采用的改进冷扩散连续提取法是基于Hsieh等研究，通过连续提取程序（sequential extraction procedure，SEP），将污泥的还原性无机硫分步提取为酸挥发性硫（acid volatile sulphide，AVS），Cr（Ⅱ）-还原性硫［Cr

（Ⅱ）-reducible sulphide，CRS］和单质硫（elemental sulphur，ES）。根据提取的操作定义，其中CRS为pyrite（FeS_2）。提取的操作步骤为：a. 污泥样品在取样后立即放置于－20℃的氮气环境中保存直到分析；b. 分析前，需要将污泥样品的外表面剔除，避免空气接触等对污泥硫形态分布造成影响；c. 取一定质量的污泥样品（基于污泥的含固量）放置于经过氮气曝气脱氧的5% ZnAc溶液中，其中容器的顶空用高纯氮气吹扫干净，并密封保护；d. 在磁力搅拌器下以600r/min的转速搅拌4～6h，以充分破坏污泥的絮体团，并将黏稠生物污泥稀释成污水状；e. AVS分析：取15 mL上述的污泥样品在ZnAc的混合液于硫形态分布提取装置中，并添加15mL的浓HCl和5mL 1mol/L抗坏血酸［防止污泥中的S（Ⅱ）与在盐酸作用下溶解的Fe（Ⅲ）反应］，在室温条件下放置72h，后用氮气缓慢吹出顶空的硫化氢，经由新鲜配制氢氧化镉——聚乙烯醇磷酸铵吸收液吸收后，利用UV-vis光度计测定；f. CRS提取：在AVS提取后，再加入15mL的2mol/L Cr（Ⅱ）溶液，在室温条件下放置48h后，测定硫化氢产生量；g. ES提取：在CRS提取后，再加入20mL的*N*，*N*-二甲基甲酰胺（*N*，*N*-dimethylformamide，DMF）后，在室温条件下放置48h后，测定硫化氢产生量。其中AVS、CRS和ES通过硫化氢进行换算。其基本提取流程见图2-7。

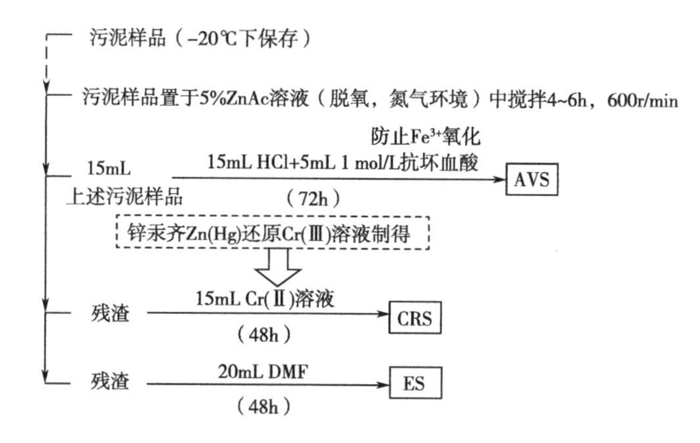

图2-7 生物污泥中RIS的硫形态分步提取流程

其中Cr（Ⅱ）的配制方法参考Heish等的研究，具体如下：在500mL的烧瓶中加入104g的$CrCl_3 \cdot 6H_2O$和60g的锌汞齐Zn（Hg）到200mL的0.5mol/L HCl。对烧瓶顶空吹扫氮气10min并封闭后于回转式摇床缓慢振荡3h。一般情况下放置1～2周后，待溶液由深绿色充分转变为天蓝色，则暗示该溶液中Cr（Ⅲ）大部分被还原为Cr（Ⅱ）。硫形态分布提取装置整体结构为玻璃制，包括玻璃瓶塞，而玻璃连接管与三通阀的接口均为内嵌聚四氟乙烯的硅胶管，避免对硫化氢的吸附，同时防止酸等溶液引起的腐蚀而造成的泄漏（图 2-8）。其中高纯氮气袋用于注入液体时的气体平衡。而吸收硫化氢时接入氮气源吹扫装置顶空硫化氢时，应该在三通阀前安装有流量控制器等装置，以控制氮气的流速和鼓入硫化氢吸收液的气泡大小和气泡产生速率，以保证硫化氢的吸收率。

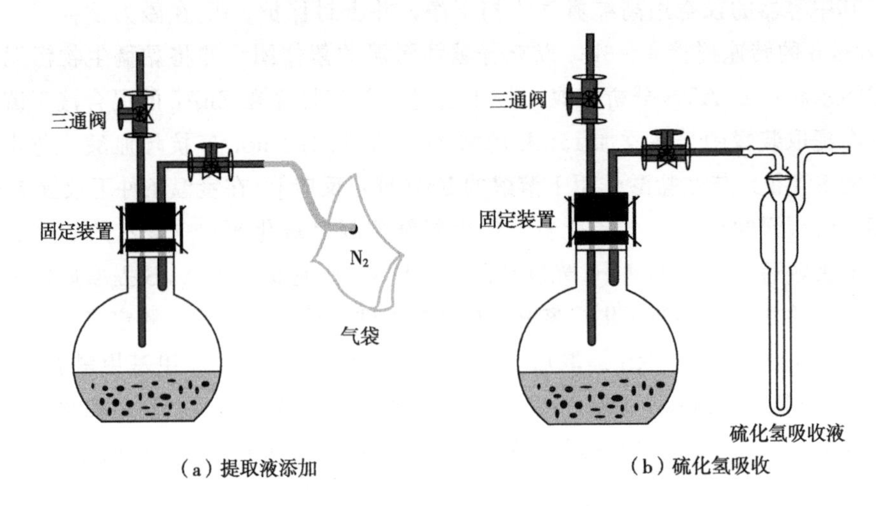

（a）提取液添加　　（b）硫化氢吸收

图 2-8　硫形态分布提取装置示意图

2.5.2　脱水污泥硫和磷形态分析

厌氧处理前后，污泥中硫的形态分布变化见图 2-9。未添加氢氧化铁，脱水污泥在厌氧处理前其硫酸根、AVS-S、CRS-S 和 ES（S^0）的含量分别为 197.6μg/g、364.5μg/g、46.1μg/g 和 1.6μg/g；而经过 32 d 的厌氧处理后，其含量分别为 71.2μg/g、323.4μg/g、50.9μg/g 和 2.6 μg/g。其中硫酸根浓度的降低主要是由 SRB 的还原作用导致。经过 32 d 的厌氧处理，空白、添加 0.05%、0.10%和 0.25%氢氧化铁后污泥的硫酸根减少量分别为（126.4±14.8）mg/kg、（96.5±51.9）mg/kg、（100.0±24.2）mg/kg 和（95.6±8.2）mg/kg，因此认为氢氧化铁的加入不会显著改变生物污泥的硫酸根还原作用，即氢氧化铁不会对 SRB 的代谢产生显著影响。该现象与氢氧化铁的还原溶解特性是一致的。

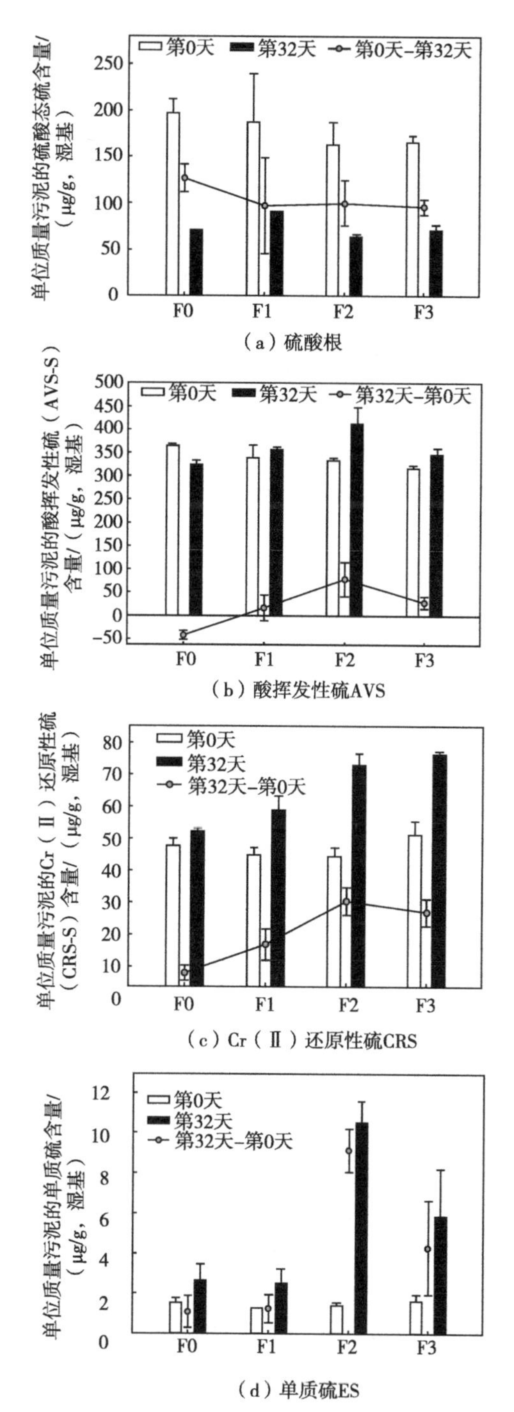

（a）硫酸根

（b）酸挥发性硫AVS

（c）Cr（Ⅱ）还原性硫CRS

（d）单质硫ES

图 2-9　不同剂量氢氧化铁对污泥中硫的形态分布的影响

F0—空白；F1—0.05% 氢氧化铁；F2—0.10% 氢氧化铁；F3—0.25% 氢氧化铁

据 Rickard 和 Morse 研究，AVS 的潜在源包括溶解性 S（－Ⅱ）（H_2S，HS^-，$FeHS^+$），FeS 团簇/纳米硫化铁颗粒，马基诺矿（mackinawite，FeS），硫铁矿（pyrite，FeS_2）和硫复铁矿（greigite，Fe_3S_4），而 Hsieha 和 Shieh 研究发现硫铁矿（FeS_2）在冷扩散 AVS 测试方法中不会被还原。因此，污泥体系 AVS 浓度的下降，主要是由于溶解性 S（－Ⅱ）（即 H_2S_{aq}）从体系中释放（如通过硫化氢向气相转化），也可能部分转化为其他形态无机硫。同时发现，污泥中 CRS 和 ES 随时间轻微上升。除了污水中的铁离子外，脱水污泥中铁的来源包括污水化学除磷（chemical P removal ，CPR）过程中的含铁化合物的添加。由于 CPR 常采用铁作为絮凝剂，随着含有 Fe（Ⅱ）或者 Fe（Ⅲ）的絮凝剂的加入，经过一系列的生物化学反应，使污泥中含有各种形态的铁，包括污泥结合铁、有机物结合铁、氢氧化铁和磷酸铁。Smith 和 Carliell-Marquet 研究发现，未添加铁盐除磷絮凝剂以及添加铁盐化学除磷的污泥中，其主要的铁形态均为氢氧化铁、羟基磷酸铁化合物（Fe-hydroxy-phosphate）以及结合于有机物的铁。因此，空白组中 CRS 和 ES 浓度的提高可能是由其中的微量氢氧化铁和硫化物相互作用导致。

通过对添加不同剂量氢氧化铁的污泥的硫形态分析，显示过程中形成 FeS、FeS_2 和 S^0。在 32d 的厌氧处理后，添加 0.05%、0.10%和 0.25%的氢氧化铁[即 H_2S 平均释放强度为 67.65μmol/（kg·d），而 Fe（Ⅲ）与 H_2S 的物质的量浓度之比分别为 69.16、138.3、345.8]，分别使 AVS 得浓度提高 16.4μg/g、78.3μg/g 和 28.5μg/g，CRS 提高 13.8μg/g、28.0μg/g 和 24.4μg/g，ES 提高 1.2μg/g、9.1μg/g 和 4.3μg/g。卡方检验（chi-square test）发现经过氢氧化铁处理的样品与空白样品中 AVS（$P<0.001$）、CRS（$P<0.001$）和 ES（$P<0.001$）存在显著差异。CRS-S 和 ES（S^0）浓度的增加，显示 FeS_2 和 S^0 是氢氧化铁和硫化物的氧化产物。同时，污泥中 AVS 浓度的提高，暗示 SRB 还原硫酸根后产生的硫化物与氢氧化铁发生还原溶解反应，生成不溶性硫化亚铁（FeS）。正是由于氢氧化铁的作用下生成了 FeS_2、S^0 和 FeS，从而降低了污泥的硫化氢释放速率。此外，硫化亚铁产物中铁的来源还可能是氢氧化铁在被 SRB 或者 IRB 等微生物溶解过程中释放出的亚铁离子。

厌氧处理过程中，污泥磷的形态分布变化如图 2-10 所示。未添加氢氧化铁的污泥，厌氧处理前其 H_2O-P、乙酸-P、NaOH-P 和 HCl/残渣-P 分别为 9.6%，16.9%，35.4% 和 38.1%，而经过 32d 发酵后则分别为 11.2%，15.7%，28.8%和 44.3%。据 Smith 和 Carliell-Marquet 研究，NaOH-P 部分主要是可溶性活性磷，包括 Fe（Ⅲ）-hydroxy-P 和有机 P；乙酸-P 包括吸附到

$CaCO_3$的磷酸铵镁（$MgNH_4PO_4$，struvite）-P和一部分由无定形Ca-P沉淀下来的P；HCl/残渣-P则是指磷酸铁。其中NaOH-P含量的下降和HCl/残渣-P的上升主要是由于有机P的降解和磷酸铁的形成。添加氢氧化铁使污泥中磷的形态发生改变。经过32d的厌氧处理后，添加0.05%，0.10%和0.25%氢氧化铁后，H_2O-P和乙酸-P的含量分别为10.4%和15.2%，7.6%和13.4%，5.2%和10.3%，而NaOH-P和HCl/残渣-P的含量分别为29.5%和44.9%，35.4%和43.6%，36.4%和48.0%。该结果表明溶解性或者松散结合态的磷会被氢氧化铁固定，形成磷酸铁。污泥中磷的形态改变可能会影响氢氧化铁对硫化氢的削减效果，因为磷酸根会通过结合在氢氧化铁颗粒上，从而抑制氢氧化铁-硫化物反应的进行。但是，磷酸根形态对氢氧化铁-硫化物反应的具体影响尚未定量，需要进一步的研究。

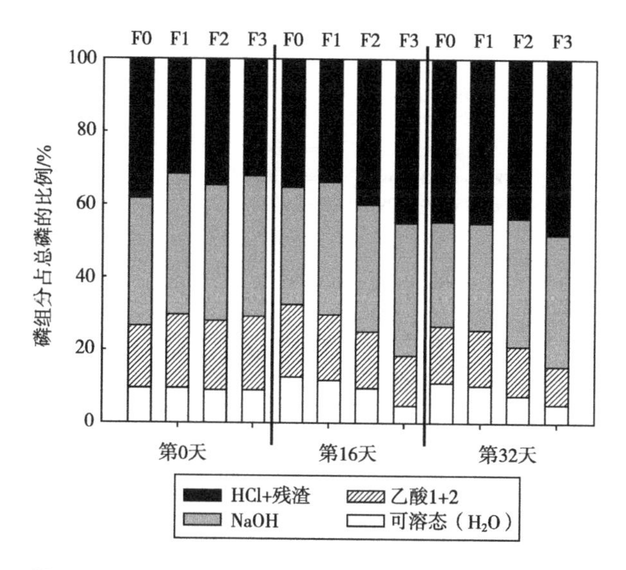

图2-10 不同剂量氢氧化铁对污泥中磷形态分布的影响

F0—空白；F1—0.05%氢氧化铁；F2—0.10%氢氧化铁；F3—0.25%氢氧化铁

2.6 氢氧化铁原位固硫和恶臭削减机制分析

2.6.1 硫化氢在脱水污泥恶臭气体中的角色

恶臭指数和硫化氢的相关性分析见图2-11。Koe、Dincer和Muezzinoglu发现修正的史蒂文斯定律（modified Steven's law，幂函数定律）可以很好地描述污水厂和污水泵房中的硫化氢和恶臭浓度的关系如式（2-1）：

$$C_{(OU)}=m\ [H_2S]^n \tag{2-1}$$

其中 $C_{(OU)}$ 是指恶臭浓度，而 $[H_2S]$ 是指硫化氢浓度。m 和 n 值随恶臭组分的不同而变化。由图 2-11 可以看出，数据和方程拟合很好，其中 $m=543.27$，$n=0.7118$，$R^2=0.8049$（实线，线 A）。而如果将数据按照厌氧放置时间的不同进行拟合，则效果更好。其中，线 B（虚线，第 0～16d 和 24～32d），$m=104.15$，$n=0.9475$，$R^2=0.9703$；线 C（虚线，第 16～24d），$m=2017.99$，$n=0.5624$，$R^2=0.9692$。该现象可能是随着厌氧发酵的进行，所释放出的恶臭气体组分不同而导致的，特别是 16～24d 可能释放出未知的挥发性致臭物质。相关性分析结果表明，通过 modified Steven's law 硫化氢可以被污水处理厂采用作为衡量恶臭浓度的指标，Dincer 和 Muezzinoglu 研究也得到相同的结论。

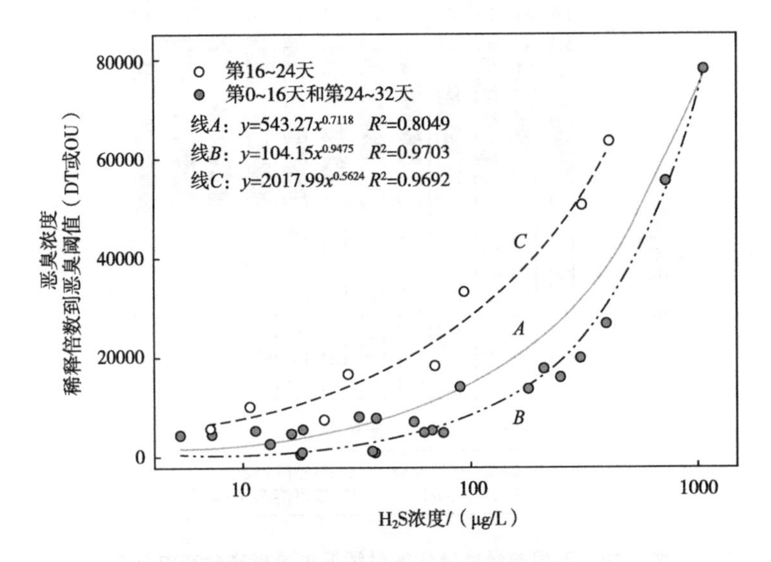

图 2-11 恶臭指数和硫化氢的相关性分析

线 A—拟合所有数据；线 B—拟合第 0～16d 和第 24～32d 的数据；

线 C—拟合第 16～24d 的数据

2.6.2 脱水污泥体系内的氢氧化铁-硫化物作用机理分析

铁（氢）氧化物被硫化物还原溶解，被推测是根据下面的反应顺序进行的。其中“＞”表示表面位（surface sites）。可逆吸附 HS^-：

$$>FeOH + HS^- \rightleftharpoons >FeS^- + H_2O \tag{2-2}$$

可逆电子转移：

$$>FeS^- \rightleftharpoons >Fe^{2+}S \tag{2-3}$$

可逆释放氧化产物：

$$>Fe^{2+}S + H_2O \rightleftharpoons >Fe^{2+}OH_2^+ + S^{-\bullet} \tag{2-4}$$

Fe^{2+}的分离：

$$>Fe^{2+}OH_2^+ \longrightarrow \text{新表面位} + Fe^{2+} \tag{2-5}$$

以下三个反应式经常用来简化描述铁-硫化物反应的初始阶段。首先从铁（氢）氧化物还原溶解中产生亚铁离子：

$$FeOOH + e^- + H_2O + HS^- \longrightarrow Fe^{2+} + H_2O \tag{2-6}$$

$$2Fe^{3+} + HS^- \longrightarrow 2Fe^{2+} + S^0 + H^+ \tag{2-7}$$

$$Fe^{2+} + S^{2-} \longrightarrow FeS \quad K_{sp} = 3.7 \times 10^{-19} \tag{2-8}$$

三价铁被硫化物还原同时伴随着胶态硫的沉淀，亚铁与S^{2-}反应以沉淀形成不溶性的硫化亚铁。

尽管式（2-6）～式（2-8）经常被引用，但是各种不同的铁（氢）氧化物与硫化物反应氧化产物已经被报道。而这既取决于存在的铁（氢）氧化物的种类，也取决于环境条件。根据 Afonso 和 Stumm 的研究，硫酸盐、硫代硫酸盐以及痕量的亚硫酸盐是硫化氢的氧化产物。Peiffer 推测单质硫或多硫化物（$S_{2\sim4}$和$S_{2\sim5}$）是主要的氧化产物，而这是以单位物质的量的质子消耗的总硫化物推导出来的。其他各种末端产物，如不同组成的磁黄铁矿（pyrrhotite，组成从 FeS 到Fe_4S_5），铁的硫化物Fe_2S_3，菱硫铁矿（smythite，Fe_3S_4）和黄铁矿，白铁矿也被引用作为铁-硫化物反应的最终产品。环境条件，如溶解氧量，pH 值和离子如SO_4^{2-}、Mg^{2+}、Ca^{2+}的存在，都会影响反应速率。由磷酸盐和硅酸盐而导致反应的抑制也有报道。

污泥中存在的诸多微生物可还原溶解铁氧化物。目前，Li 等发现 SRB 即便在缺乏硫酸根的条件下也可以还原溶解铁氧化物相。其研究发现脱硫脱硫弧菌（*Desulfovibrio desulfuricans*）strain G-20 可以在无硫酸根条件下，使占总还原铁 4.6% 的水铁矿（ferrihydrite），5.3%的针铁矿（goethite），3.7%的赤铁矿（hematite），8.8%的磁铁矿（magnetite）和 23.0%的柠檬酸铁（ferric citrate）被还原溶解。Roden 等发现占总还原铁 44%的水铁矿可以被铁还原性细菌海藻希瓦氏菌（*Shewanella alga*）strain BrY 还原溶解。氢氧化铁被 SRB 或者 IRB 的还原溶解，缓慢地释放出的Fe^{2+}或者Fe^{3+}均对污泥的恶臭控制特别是硫化氢去除具有益处。

基于RIS形态表征，发现氢氧化铁在污泥体系中与硫化物的代谢产物包括FeS、FeS_2和小部分S^0。其中FeS表示可在室温条件下被盐酸提取的铁硫化物，可能有多种具体形式。污泥中硫铁矿的形成机理对阐述氢氧化铁对硫化氢的控制效果具有重要的作用。Berner在其经典著作“Sedimentary pyrite formation”中认为硫铁矿的形成耦合一个过程，即硫化物被氧化为多硫化物，然后进一步与FeS反应生成硫铁矿（称为路径1）。路径1中，单质硫是氧化产物。但是，在本研究中仅有一小部分的单质硫形成，而这暗示污泥中的硫铁矿不是通过这个路径形成的。Peiffer研究认为有一种新的作用机制以形成硫铁矿，即氢氧化铁作为氧化剂形成多硫化物，并接着形成硫铁矿。具体如式（2-9）～式（2-11）：

$$8FeOOH+5H_2S \longrightarrow 8Fe^{2+}+S_5^{2-}+2H_2O+14OH^- \quad (2\text{-}9)$$

$$4FeS+S_5^{2-}+2H^+ \longrightarrow 4FeS_2+H_2S \quad (2\text{-}10)$$

$$\text{即 } 8FeOOH+8H_2S \longrightarrow 4FeS_2+4Fe^{2+}+8H_2O+8OH^- \quad (2\text{-}11)$$

而且，Peiffer认为路径1应该发生在氧气-硫化物界面，而且该环境中应含有高有机质。而在污泥体系中，虽然含有大量的有机物，但是污泥是在严格厌氧条件下，不存在所谓的氧气-硫化物界面，因而硫铁矿可能是通过氢氧化铁氧化硫化物而形成的。Peiffer研究还认为，式（2-11）中没有FeS形成是由于存在过量的氧化铁。但是由于亚铁转化成三价铁的速率太低，本研究中存在FeS。因此推测硫铁矿的形成机理可以描述如式（2-12）：

$$2FeOOH+3H_2S \longrightarrow FeS_2+FeS+4H_2O \quad (2\text{-}12)$$

2.6.3 工程应用分析

前述结果清楚地表明，氢氧化铁可以在一个较长的时间内削减污泥的恶臭。由于硫化氢是恶臭气味的主要贡献者（或者责任者），其与氢氧化铁反应形成无毒的硫化亚铁、FeS_2和S^0有许多益处。与其他常规的氧化剂相比，使用氢氧化铁的反应不破坏污泥环境条件，如ORP、pH值和污泥细菌的生物活性。这表明，除了污泥脱水和土地施用外，氢氧化铁还可以用在包括堆肥等污泥处理处置工艺中。在这种方法的使用潜力分析中，经营成本将是一个关键因素。虽然低剂量和长期持久的效力可能允许在污水处理厂中使用化学纯的氢氧化铁（99.8%，在中国售价约为2万元/吨），但是废弃氢氧化铁的再利用以控制污泥恶臭，显然是更可取和更具有经济效益的方法。在Fenton和Fenton-like氧化反应以处理工业废水的反应中，会产生大量的氢氧化铁污泥（在净水厂中也有类似的含氢氧化铁絮凝沉淀废弃物），而合理处置这些污泥需要一个较高的成本。

因此，结合以废治废的观点，应用废弃的氢氧化铁污泥，而不是纯的氢氧化铁，以用于污泥的恶臭控制将会是更经济及环保可行的。

进一步提出该技术的可能工程应用方案，如图 2-12 所示。氢氧化铁可在污泥泵加入，或者在污泥机械脱水（脱水后含水率为 80%～85%）过程中与絮凝剂（如聚丙烯酰胺 PAM）等一并加入。经过此技术处理后，脱水污泥在存储和运输等过程中，所释放的硫化氢和恶臭浓度将可显著降低，并可避免硫化氢急性毒性对作业人员的危害。氢氧化铁的添加剂量可按 Fe（Ⅲ）与 H_2S 的物质的量浓度比为 70～140 加入。

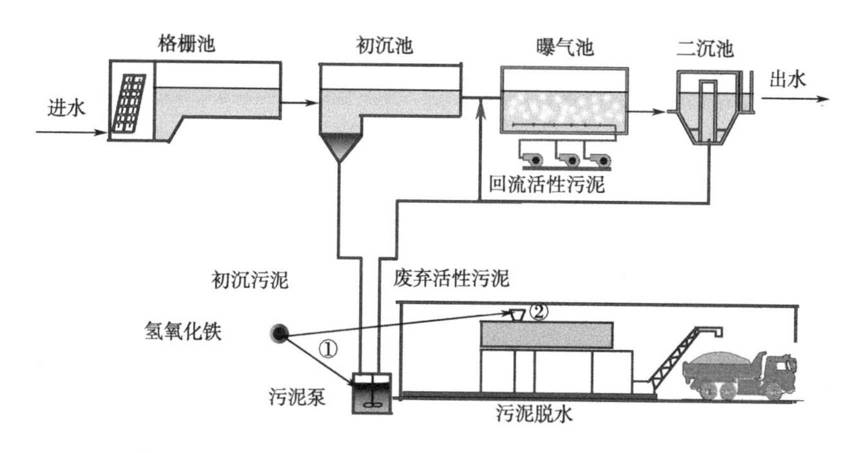

图 2-12　氢氧化铁用于脱水污泥恶臭控制的应用方案示意

1—污泥泵加入；2—污泥脱水过程中与其他脱水试剂（如 PAM）共同加入

2.6.4　氢氧化铁的作用特性归纳

氢氧化铁之所以可以在长时间范围内高效去除污泥的硫化氢，主要是由于以下三个特性（图 2-13）。首先，氢氧化铁颗粒是具有纳米特性的粒子，而这使得氢氧化铁的有效作用面积大，且在介质中容易均匀分布。该特性对脱水污泥或者其他高含固率污泥的硫化氢去除具有明显优势，因为高含固率污泥中自由水较少，较难使添加剂在介质中充分均匀分布。氢氧化铁的纳米特性，加之其水合特性，使得氢氧化铁对硫化物具有很高的活性和反应性。其次，氢氧化铁具有一定程度上的选择性（可称为相对选择性）。虽然，氢氧化铁在污泥体系中也会通过吸附等与一些重金属反应，但是其在污泥体系中的两个重要消耗途径是硫化物还原溶解和可溶性磷酸盐固定。尽管和可溶性磷酸盐的作用使得氢氧化铁投加量高于通过化学计量得到的剂量（这部分氢氧化铁消耗量可以称为无功效用量），但是其相对选择性使得其在污泥体系中仅被缓慢消耗。最后，由于氢氧化铁的相对选择性使得其具备另一特性——缓释性。缓释性是指加入的化学药剂缓慢地释放到环境中，进而形成持续作用功效。正是由于缓释性，使得氢氧化铁在污泥体系中能长时间持续去除硫化氢。氢氧化铁的相对选择性为其缓释性奠定了基础。同时，由于SRB和IRB在污泥体系中，也可不断还原溶解氢氧化铁，这将增强其缓释性。除此之外，使用净水厂或者污/废水厂产生的氢氧化铁污泥，该方法还符合以废治废的理念。

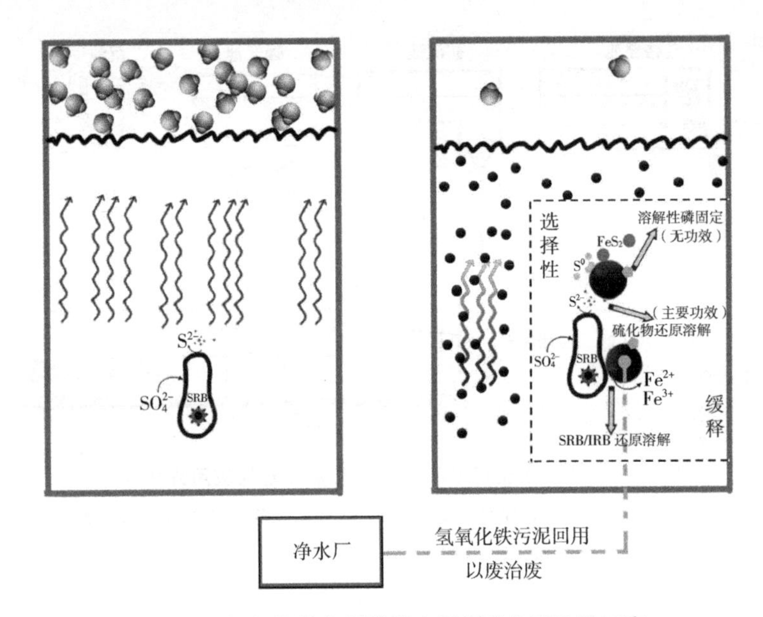

图 2-13 氢氧化铁在新鲜脱水污泥的作用特性示意

参考文献

[1] Firer D, Friedler E, Lahav O. Control of sulfide in sewer systems by dosage of iron salts: Comparison between theoretical and experimental results, and practical implications [J]. Science of the Total Environment, 2008, 392 (1): 145-156.

[2] Diaz I, Lopes A C, Perez S I, et al. Performance evaluation of oxygen, air and nitrate for the microaerobic removal of hydrogen sulphide in biogas from sludge digestion [J]. Bioresource Technology, 2010, 101 (20): 7724-7730.

[3] Feliers C, Patria L, Morvan J, et al. Kinetics of oxidation of odorous sulfur com-

pounds in aqueous alkaline solution with H_2O_2 [J] . Environmental Technology, 2001, 22 (10): 1137-1146.

[4] Neyens E, Baeyens J, Weemaes M, et al. Pilot-scale peroxidation (H_2O_2) of sewage sludge [J]. Journal of Hazardous Materials, 2003, 98 (1-3): 91-106.

[5] Charron I, Couvert A, Lapanche A, et al. Treatment of odorous sulphur compounds by chemical scrubbing with hydrogen peroxide-stabilisation of the scrubbing solution [J]. Environmental Science & Technology, 2006, 40 (24): 7881-7885.

[6] He C, Li X Z, Sharma V K, et al. Elimination of sludge odor by oxidizing sulfur-containing compounds with ferrate (Ⅵ) [J] . Environmental Science & Technology, 2009, 43 (15): 5890-5895.

[7] Chang Y, Chang Y T, Chen H J. A method for controlling hydrogen sulfide in water by adding solid phase oxygen [J] . Bioresource Technology, 2007, 98 (2): 478-483.

[8] Tronc E, Belleville P, Jolivet J P, et al. Transformation of ferric hydroxide into spinel by iron (Ⅱ) adsorption [J] . Langmuir, 1992, 8 (1): 313-319.

[9] Bonneville S, Van Cappellen P, Behrends T. Microbial reduction of iron (Ⅲ) oxyhydroxides: Effects of mineral solubility and availability [J] . Chemical Geology, 2004, 212 (3-4): 255-268.

[10] Diaz L F. Composting and recycling municipal solid waste [M] . Boca Raton: Lewis Publishers, 1993.

[11] Peiffer S. Reaction of H_2S with ferric oxides-some conceptual ideas on its significance for sediment-water interactions [M] // Baker LA. ACS Advances in Chemistry Series. New York: American Chemical Society, 1994.

[12] 王飞越，汤鸿霄．水体沉积物中的酸挥发性硫化物（AVS）及其对沉积物环境质量的影响 [J]. 环境科学进展，1997，5（1）：1-8.

[13] Rickard D, Morse J W. Acid volatile sulfide (AVS) [J] . Marine Chemistry, 2005, 97 (3-4): 141-197.

[14] Hsieh Y P, Chung S W, Tsau Y J, et al. Analysis of sulfides in the presence of ferric minerals by diffusion methods [J] . Chemical Geology, 2002, 182 (2-4): 195-201.

[15] Hsieh Y P, Shieh Y N. Analysis of reduced inorganic sulfur by diffusion methods: Improved apparatus and evaluation for sulfur isotopic studies [J] . Chemical Geology, 1997, 137 (3-4): 255-261.

[16] van den Hoop M A G T, den Hollander H A, Kerdijk H N. Spatial and seasonal variations of acid volatile sulphide (AVS) and simultaneously extracted metals (SEM) in Dutch marine and freshwater sediments [J] . Chemosphere, 1997, 35 (10): 2307-2316.

[17] Smith J A, Carliell-Marquet C M. The digestibility of iron-dosed activated sludge [J]. Bioresource Technology, 2008, 99 (18): 8585-8592.

[18] Smith J A, Carliell-Marquet C M. A novel laboratory method to determine the biogas potential of iron-dosed activated sludge [J] . Bioresource Technology, 2009, 100 (5): 1767-1774.

[19] Poulton S W, Krom M D, Rijn J V, et al. The use of hydrous iron (Ⅲ) oxides for the removal of hydrogen sulphide in aqueous systems [J] . Water Research, 2002, 36 (4): 825-834.

[20] Koe L C C. Hydrogen sulphide odor in sewage atmospheres [J] . Water, Air, and Soil Pollution, 1985, 24 (3): 297-306.

[21] Dincer F, Muezzinoglu A. Odor determination at wastewater collection systems: Olfactometry versus H_2S analyses [J] . Clean-Soil, Air, Water, 2007, 35 (6): 565-570.

[22] Peiffer S, Dos Santos Afonso M, Wehrli B, et al. Kinetics and mechanism of the reaction of hydrogen sulfide with lepidocrocite [J] . Environmental Science & Technology, 1992, 26 (12): 2408-2413.

[23] Lahav O, Ritvo G, Slijper I, et al. The potential of using iron-oxide-rich soils for minimizing the detrimental effects of H_2S in freshwater aquaculture systems [J] . Aquaculture, 2004, 238 (1-4): 263-281.

[24] Dos Santos Afonso M, Stumm W. Reductive dissolution of iron (Ⅲ) (hydr) oxides by hydrogen sulfide [J] . Langmuir, 1992, 8 (6): 1671-1675.

[25] Padival N A, Kimbell W A, Redner J A. Use of iron salts to control dissolved sulfide in trunk sewers [J] . Journal of Environmental Engineering-Asce, 1995, 121 (11): 824-829.

[26] Yao W S, Millero F J. Oxidation of hydrogen sulfide by hydrous Fe (Ⅲ) oxides in seawater [J]. Marine Chemistry, 1996, 52 (1): 1-16.

[27] Li Y L, Vali H, Yang J, et al. Reduction of iron oxides enhanced by a sulfate-reducing bacterium and biogenic H_2S [J] . Geomicrobiology Journal, 2006, 23 (2): 103-117.

[28] Roden E E, Urrutia M M, Mann C J. Bacterial reductive dissolution of crystalline Fe (Ⅲ) oxide in continuous-flow column reactors [J] . Applied and Environmental Microbiology, 2000, 66 (3): 1062-1065.

[29] Berner R A. Sedimentary pyrite formation [J] . American Journal of Science, 1970, 268 (1): 1-23.

[30] Boyd C E, Massaut L. Risks associated with the use of chemicals in pond aquaculture [J]. Aquacultural Engineering, 1999, 20 (2): 113-132.

[31] Lazarevic D A. In-situ removal of hydrogen sulphide from landfill gas : Arising from the interaction between municipal solid waste and sulphide mine environments within bioreactor conditions [D]. Stockholm: KTH Royal Institute of Technology, 2007.

第3章

零价铁粒径效应对脱水污泥原位固硫和甲烷产生速率的影响

目前，零价铁（ZVI）在环境修复的应用主要集中于重金属的稳定化，以及有机污染物（PCBs和含氯杀虫剂等）的强化降解。零价铁可以与重金属离子发生由表面控制的非均相化学反应，有效地去除水体中如Cd（Ⅱ），Ni（Ⅱ），Zn（Ⅱ），Cr（Ⅵ），Pb（Ⅱ），As（Ⅲ），As（Ⅴ）等的重金属离子。零价铁还可高效还原转化氯代脂肪烃、含氯含硝基芳烃、偶氮染料等有机污染物。目前有些研究尝试利用ZVI-微生物耦合工艺强化重金属、硝基芳烃、偶氮染料、三硝基三嗪、氯代硝基苯等污染物的处理。但是，零价铁粒径效应对新鲜脱水污泥的原位固硫效果的影响尚未得到研究。

零价铁的粒径大小对比表面积、反应活性产生直接影响，也会对微生物的繁殖代谢产生不同作用。Karri等研究发现在培养液中ZVI的粒径效应可以通过电子供体的方式影响SRB和MPB的代谢特征。在粒径为1.120mm、0.149mm、0.044mm和0.010 mm的ZVI中，尽管ZVI都可以显著促进甲烷产生和硫酸根还原，但是甲烷的产生速率和硫酸盐的还原速率与ZVI的比表面积具有正相关关系。其中粒径最小的ZVI，可得到最高的甲烷产生速率［以单位物质的量的Fe^0中的CH_4计，0.310mmol/（mol·d）］和最高的硫酸根还原速率［以单位物质的量的Fe^0中的SO_4^{2-}计，0.804mmol/（mol·d）］。而纳米尺寸的ZVI则与传统的普通铁粉或者超细铁粉具有更显著的差异。比表面积的提升及纳米铁颗粒活性的增强，影响纳米铁颗粒在水环境（或者大气环境）中的不同结构，包括在空气中的老化以及ZVI在H_2O中反应等形成的核-壳结构。纳米零价铁颗粒可以在水或者空气中自然氧化，氧化的产物包括羟基自由基（hydroxyl radical）、超氧阴离子自由基（superoxide radical）、高价铁（ferryl）离子以及氢气。反应的产物可进一步通过氧化或还原降解有机污染物。除此之外，纳米铁颗粒还可能通过以下途径表现出生物毒性：a. 可能在吸附细胞表面后通过细胞膜；b. 在氧化或者光诱导下产生活性氧物种（reactive oxygen species，ROS）；c. 在溶解过程中等释放出金属离子，与蛋白质或酶的硫醇基团络合，从而造成巯基反应毒性。不同粒径零价铁这些特性的迥异，将会对污泥厌氧条件下的硫化氢和甲烷产生速率造成影响。

本章考察不同粒径的零价铁（ZVI），包括200目普通铁粉（200m-ZVI，$d=74\mu m$）、800目超细铁粉（800m-ZVI，$d=19\mu m$）和纳米铁粉（nZVI，$d=20nm$），对脱水污泥（含水率为88.7%）的主要恶臭组分硫化氢释放速率的影响，并同时考察其对厌氧处理过程中甲烷产生速率、污泥的生物可利用磷等方面的影响。

3.1 不同粒径零价铁对污泥硫化氢释放速率的影响

不同粒径 ZVI 对生物气中硫化氢和氨气浓度的影响，如图 3-1 所示。污泥的硫化氢释放速率总体上随时间先上升而后逐渐降低。未添加 ZVI 污泥样品的硫化氢平均释放速率从初始的 1.16 μg/mL 逐渐上升到 7.90 μg/mL，而随后降低至 4.67 μg/mL。而添加不同粒径的 ZVI（200 目、800 目和纳米级）的污泥，其硫化氢释放速率随时间的变化趋势也大致相同。污泥硫化氢释放速率随时间的上升主要与污泥厌氧体系的形成和硫酸盐还原菌活性的强化有关。而之后的下降趋势一方面与体系的 pH 值变化有密切关系，也与硫酸盐不断被 SRB 还原导致硫酸根强度下降有关。

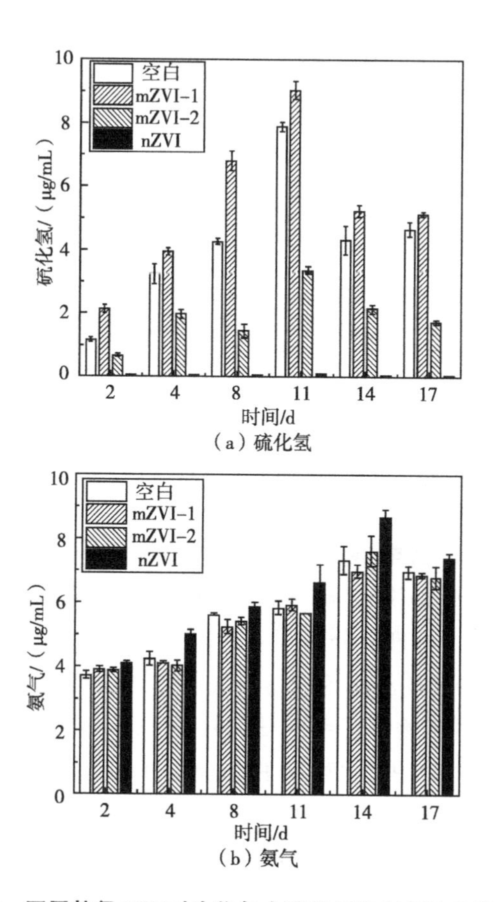

图 3-1 不同粒径 ZVI 对生物气中硫化氢和氨气浓度的影响

同时，研究表明nZVI可以在脱水污泥厌氧环境中非常有效地消除硫化氢。nZVI的添加显著降低了H_2S的释放。在17d内，添加质量分数为0.10%的nZVI使生物气中硫化氢的浓度分别下降了98.0%（96.2%～98.9%），添加质量分数为0.10%超细铁粉（mZVI-2）则下降47.0%（33.8%～60.6%），而添加质量分数为0.10%的普通铁粉（mZVI-1）反而使生物气中H_2S的平均浓度从4.26 μg/mL上升至5.39 μg/mL，上升了26.5%。

不同粒径零价铁对污泥厌氧降解过程中氨气的释放没有显著影响。整体而言，对于未添加零价铁的污泥，其氨气浓度从初始的3.73 μg/mL随时间逐步上升到6.97 μg/mL。这种趋势很可能与污泥降解过程中pH值的升高有关。未添加零价铁的污泥，其生物气中NH_3平均浓度为5.6μg/ mL，而添加0.1%的mZVI-1、mZVI-2和nZVI对污泥NH_3的释放没有明显影响，生物气中NH_3平均浓度分别为5.5μg/mL、5.6μg/mL和6.3μg/ mL。

3.2 不同粒径零价铁对污泥磷形态分布的影响

厌氧处理完成后，不同粒径零价铁对污泥磷形态分布的影响见表3-1。每一部分为连续萃取方法中的萃取相，并且表示为浓度（mg/kg）。表3-1中磷的类型分布是由Carliell-Marquet根据模型化合物分析得到的。根据磷的提取步骤，将污泥的磷形态归类为H_2O-P（水提取性磷）、乙酸-P（乙酸提取性磷）、NaOH-P（氢氧化钠溶液提取性磷）、残渣-P（残余态磷），如图3-2所示。研究发现，总体上污泥中的水提取性磷和乙酸提取性磷（被认为是可以被微生物利用的磷）的比例，随着零价铁的加入而降低，同时可被NaOH提取部分的磷含量提高。添加ZVI的污泥中，超纯水提取部分磷（代表溶解性或弱约束性P，UPW-P）和0.1mol/L乙酸缓冲液提取部分磷（acetate-P）的含量分别为778.7mg/kg和1132.0mg/kg，mZVI-1处理后则分别下降为490.9mg/kg和1044.5mg/kg，mZVI-2处理后分别下降为457.8mg/kg和944.4 mg/kg，nZVI处理后分别下降为449.0mg/kg和713.3 mg/kg。mZVI-1、mZVI-2和nZVI加入污泥中，使污泥中的生物可利用-P比例从76.8%分别下降到66.0%、62.3%和52.5%。同时，NaOH-P［主要是Fe（Ⅲ）-hydroxy-P和磷酸铁］的含量从449.3 mg/kg（18.0%），分别上升至662.8 mg/kg（28.5%）、714.1 mg/kg（31.8%）和894.4（40.4%）mg/kg。

表 3-1 不同粒径零价铁对污泥磷形态分布的影响 单位：mg/L

处理方式	空白	mZVI-1	mZVI-2	nZVI	P形态解释③
超纯水①	778.72± 5.53	490.90± 7.82	457.81± 9.41	448.99± 16.44	轻微结合于污泥颗粒的磷
乙酸 1	1041.89±13.34	942.94±10.87	654.82±9.09	623.77± 4.67	鸟粪石；无定形Ca-P沉淀物
乙酸 2	90.07± 6.15	101.55± 0.03	289.58± 4.47	89.50± 4.65	溶解性活性磷(SRP)；有机磷
NaOH	449.26±6.04 [18.0%]	662.75±14.15 [28.5%]	714.10±7.37 [31.8%]	894.41±18.30 [40.4%]	磷酸钙；磷酸铁等
HCl	91.91± 10.03	81.21± 5.34	86.49± 19.81	72.05± 2.35	磷酸钙
残渣	37.42± 2.68	45.38± 3.19	46.24± 3.26	83.50± 5.50	
生物可利用(BAP)②	1911±16 [76.8%]	1535±13 [66.0%]	1402±14 [62.3%]	1163±18 [52.5%]	
总浓度	2489± 20	2325± 21	2249± 26	2212± 18	

①超纯水（18MΩ·cm）；

②包括超纯水-P、乙酸 1-P 和乙酸 2-P，被认为可以被微生物利用；

③参考 Carliell-Marquet。

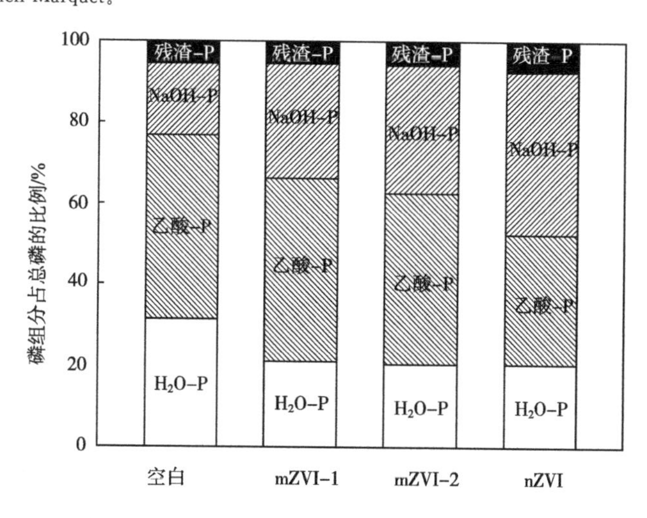

图 3-2 不同粒径零价铁对污泥磷形态分布的影响

不同粒径的零价铁与污泥中自由水的反应活性不同，因此其表面不同程度上生成水合氧化铁，随即对生物污泥中的磷表现出不同的吸附性能，进而不同程度地固定污泥中的磷。总体而言，ZVI 对污泥中磷的固定性与其比表面积呈正相关。然而，由于污泥中的磷酸铁含量低，X射线衍射（XRD）分析无法直接检测到磷酸铁。生物可利用-P的浓度降低可能对污泥厌氧消化产生损坏。但是，生物利用磷的含量以及其占总磷的比例还是比较高的。因此可以认为，尽管零价铁的加入使污泥生物可利用-P降低，但是几乎不会导致磷缺乏及对污泥降解产生损害。

3.3 不同粒径零价铁对污泥产甲烷速率的影响

不同粒径零价铁均可以提高污泥发酵生物气中甲烷的含量，有利于提高厌氧发酵的能量回收效率。由图3-3可以看出，不同粒径ZVI对污泥生物气中甲烷浓度的提升依次为nZVI＞800mZVI＞200mZVI，即生物气中甲烷的浓度与所添加的ZVI的比表面积正相关。其中添加0.1％ nZVI的污泥，在14d后甲烷浓度达到最高值为70.6％，17d后其甲烷浓度开始下降。图3-4为17d内不同粒径ZVI对厌氧发酵生物气组分的影响。17d内，在没有ZVI作用的条件下，生物气中CH_4的浓度逐渐增加从42.8％上升到64.2％，在质量分数为0.1％的nZVI作用下该期间CH_4含量从48.2％上升到70.6％，其间nZVI处理下的CH_4含量增加5.4％～13.2％。此外mZVI也有能力提高生物气中甲烷的含量，但程度相对较低。17d内，生物气中平均CH_4浓度在不添加ZVI下的53.84％，分别在

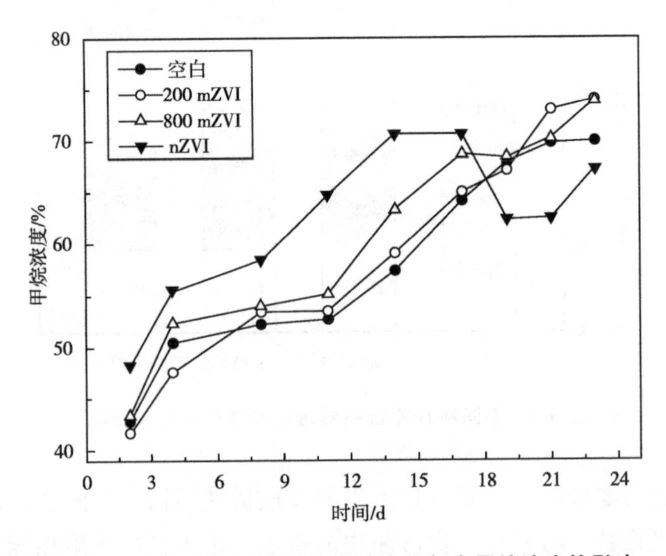

图3-3 不同粒径ZVI对厌氧发酵生物气中甲烷浓度的影响

mZVI-1、mZVI-2和nZVI的作用下上升到54.56%、56.89%、62.52%。ZVI和CO_2转化成甲烷已经在很多氢营养型产甲烷菌的研究中被发现，而ZVI（特别是nZVI）在与水的反应中会产生H_2，从而促进氢营养型产甲烷菌的繁殖代谢。而这可以解释污泥在ZVI存在条件的甲烷浓度提升。ZVI对生物气中CH_4浓度的提升被认为是有利于沼气品质的提高和沼气的能源利用。

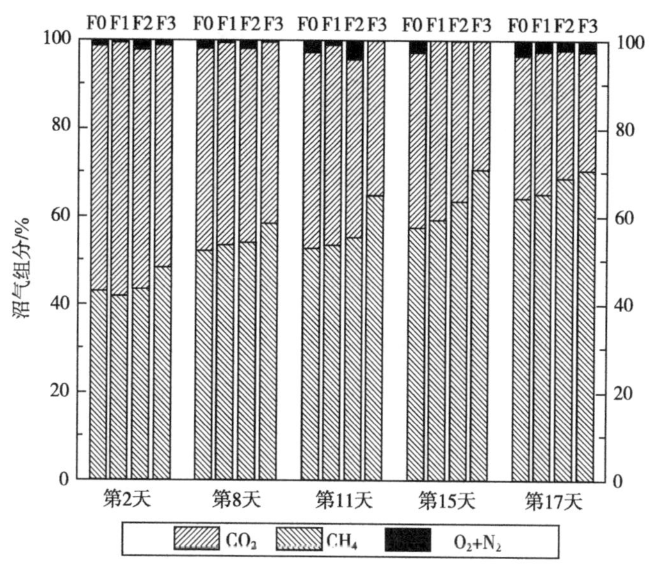

图3-4　17d内不同粒径ZVI对厌氧发酵生物气组分的影响

F_0—空白；F_1—mZVI-1；F_2—mZVI-2；F_3—nZVI

不同粒径ZVI对污泥生物气和甲烷的累计产生量影响不同，2000g（湿基）污泥样品未添加ZVI，添加200mZVI、800mZVI和nZVI的生物气和甲烷24d的累计产生量分别为22.6L和13.1L、25.4L和15.1 L、18.9L和11.5L、29.6L和18.4L（图3-5）。即添加0.1%的200mZVI、nZVI使污泥的沼气和甲烷的累计产生量分别提高了12.6%和15.5%、30.9%和40.6%，而添加0.1% 800mZVI则使沼气和甲烷产生量降低了16.4%和12.5%。nZVI对污泥甲烷和生物气的最大促进表现在11～17d，在此期间0.1%的nZVI使生物气和甲烷的体积从15.46L和8.16L分别增加到22.20L和13.70L，分别提升了6.74L和5.54L，如图3-6所示。

产甲烷菌（methane-producing bacteria，MPB）和SRB在生态学和生理学上存在着许多相似性，具有重叠的生态位，表现出强烈的竞争。SRB在一定浓度硫酸盐环境中竞争力超过MPB。由于污泥中的硫化氢主要来源于SRB，因此可以通过不同粒径 ZVI 对硫化氢和产甲烷速率的影响，探讨 ZVI 作用下 SRB 和产甲烷菌的关系。

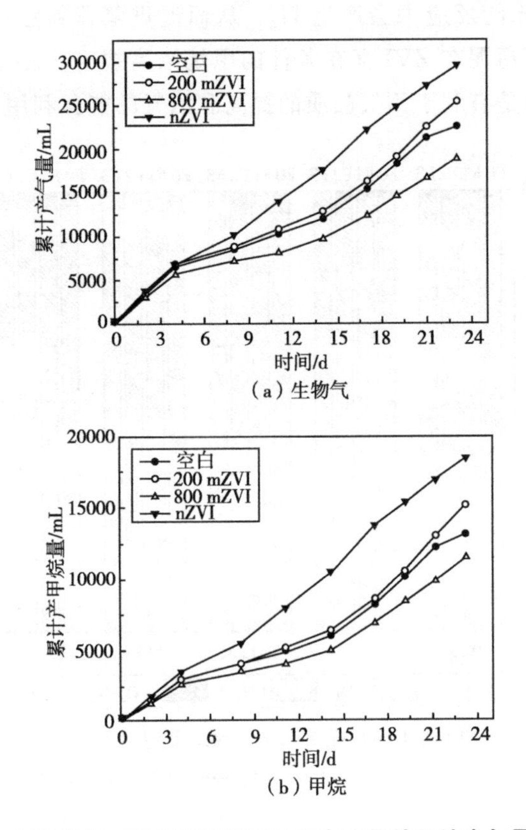

(a) 生物气

(b) 甲烷

图 3-5 不同粒径 ZVI 对厌氧发酵生物气和甲烷累计产气量的影响

不同粒径 ZVI 加入污泥体系中，均降低了体系的氧化还原电位（ORP），有利于 MPB 的繁殖代谢，提升沼气中甲烷浓度。但是，首先，不同粒径的 ZVI 在污泥环境中产生的氢气量迥异，对氢营养型产甲烷菌的刺激和激活能力不同；其次，在于不同粒径 ZVI 作用下使污泥体系的 ORP 降低程度不同；再次，由于不同粒径 ZVI 对 SRB 有不同影响（即 200mZVI 刺激 SRB 混合菌群的活性，增加 SRB 的竞争力；nZVI 可能抑制 SRB 或使 SRB 失活，增加 MPB 的竞争力），会导致 MPB 在不同粒径 ZVI 作用下产甲烷速率的提升程度不同；最后，不同粒径 ZVI 加入污泥体系中，随着污泥厌氧发酵的进行，ZVI 的性质发生不同程度的改变，而该改变可能是 800mZVI 无法提高污泥的甲烷产生量的原因之一。

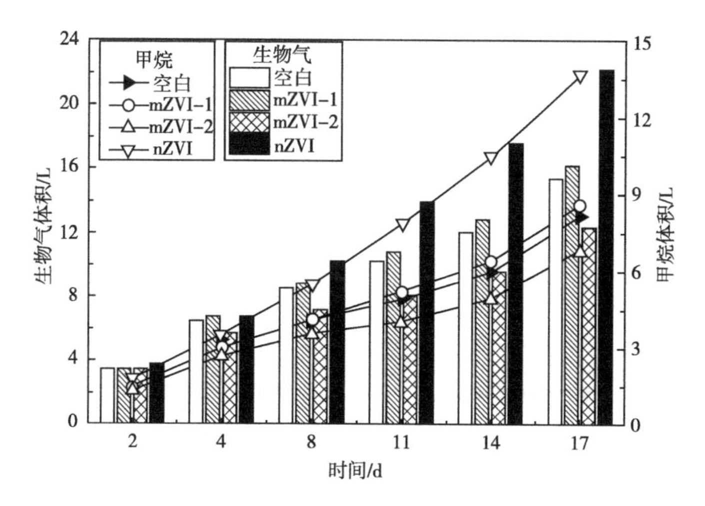

图 3-6　17d 内的生物气和甲烷产生量

3.4　固硫机理解析和应用启示

不同粒径 ZVI 对脱水污泥的硫化氢固定效率和产甲烷速率影响迥异。200mZVI 提高污泥体系的硫化氢释放速率的主要原因在于 ZVI 的加入，可通过降低 ORP 和提供电子等途径刺激污泥体系中 SRB 混合菌群的活性。已有研究发现经筛选的 SRB 纯培养中，SRB 可以利用铁腐蚀所产生的阴极氢（cathodic H_2）作为电子受体。ZVI 作用下强化硫酸盐的还原性已经在以下的一些硫酸盐还原菌中得到报道，包括脱硫脱硫弧菌（*Desulfovibrio desulfuricans*）、普通脱硫弧菌（*Desulfovibrio vulgaris*）、需盐脱硫弧菌（*Desulfovibrio salexigens*）和脱硫杆菌（*Desulfobacterium*）sp.。其中脱硫脱硫弧菌在利用 ZVI 强化硫酸盐还原过程中，促进 SRB 的生长和繁殖，具体表现为增加 SRB 的光学密度和蛋白质含量。800mZVI 由于比表面积较 200mZVI 大，不仅体现出还原性，800mZVI 的部分表面还会与污泥体系中的自由水发生电子得失反应，生成 FeOOH 等产物，进而在一定程度上减少硫化氢的释放。nZVI 可以显著降低硫化氢的释放，主要有两方面的原因。一方面在于纳米级状态下的零价铁具有比 200mZVI 和 800mZVI 高出许多的比表面积，在污泥体系中可能会发生如下反应，包括 nZVI 与污泥体系中的微量 O_2 等发生反应，生成亚铁离子；与污泥中的自由水发生反应，在 nZVI 的表面生成一层羟基氧化铁；亚铁离子与硫化物反应，生成 FeS 沉淀；nZVI 或 FeOOH 直接与硫化氢反应；结合硫化物的 nZVI

表面可以继续与硫化物反应生成二硫化物或多硫化物。nZVI 在污泥体系中与硫化物等发生反应，生成 FeS 沉淀或者二硫化物 FeS_2 等均可以减少硫化氢释放到空气环境中。

其中≡表示反应位点。

$$Fe \longrightarrow Fe^{2+} + 2e^- \tag{3-1}$$

$$Fe_{(s)} + 2H_2O_{(aq)} \longrightarrow FeOOH + 1.5H_{2(g)} \tag{3-2}$$

$$S^{2-} + Fe^{2+} \longrightarrow FeS \tag{3-3}$$

$$\equiv Fe + H_2S \longrightarrow \equiv FeS + H_2 \tag{3-4}$$

$$\equiv FeOOH + H_2S \longrightarrow \equiv FeOSH + H_2O \tag{3-5}$$

$$\equiv FeS + H_2S \longrightarrow FeS_2 + H_2 \tag{3-6}$$

另一方面，有研究认为 nZVI 的氧化产物 FeOOH 等会抑制 SRB 的繁殖代谢，甚至使其失活，从而减少污泥中硫化氢的产生和释放。其中 nZVI 抑制 SRB 的原因可能在于 SRB 是一类以有机物（如乳酸、乙酸）为营养的异养型细菌，其生长所需营养与代谢产物的运输均通过细菌的细胞膜、细胞壁与环境的直接接触完成，当细菌细胞表面被纳米级的 nZVI 以及其氧化产物所覆盖时，细胞与周围环境间的物质交换势必受到阻碍，进而阻碍细菌细胞生长增殖。而 nZVI 使 SRB 失活的原因可能在于：a. nZVI 与 SRB 细胞吸附紧密，其氧化形成的针状产物与细菌细胞发生物理接触，造成穿刺伤害，导致细胞死亡；b. nZVI 的强还原作用导致细菌细胞膜上的氧化还原状态发生变化，导致发生结构与构象的改变，影响细胞的信号转导、基因转录等过程中的调控作用，影响细胞生命活动，造成细胞死亡；c. SRB 细胞被 nZVI 氧化产物包埋，使细胞膜的通透性变差，抑制了细菌细胞的生命活动，使细胞处于沉睡状态，从而抑制细菌的增殖。整体而言，认为 nZVI 对 SRB 的可能不利影响是通过其生态毒性表现来实现的。尽管如此，结合 SRB 的抑制或失活所需的 nZVI 浓度以及生物污泥的结构特性，认为在整个反应过程中 nZVI 对 SRB 所表现的生物毒性并不是硫化氢削减的主要贡献因素。

以下提出一个 nZVI 用于脱水污泥干式厌氧发酵的技术方案，如图 3-7 所示。在污水处理厂（WWTP）中，沉淀池污泥经过污泥泵后机械脱水，脱水后含水率降低至 80%～85%，随后运输至污泥储存间。污泥储存间的脱水污泥通过给料系统进入干式厌氧发酵器。干式厌氧发酵完成后，污泥采用板框深度脱水后填埋处置。在污泥脱水环节、干式厌氧发酵环节投加 nZVI，由于脱水污泥含固率较高，因此 nZVI 的重复利用可能不具有工程可操作性。该工艺可有效降低污泥厌氧发酵中生物气的硫化氢浓度，并提升污泥的产沼气速率。

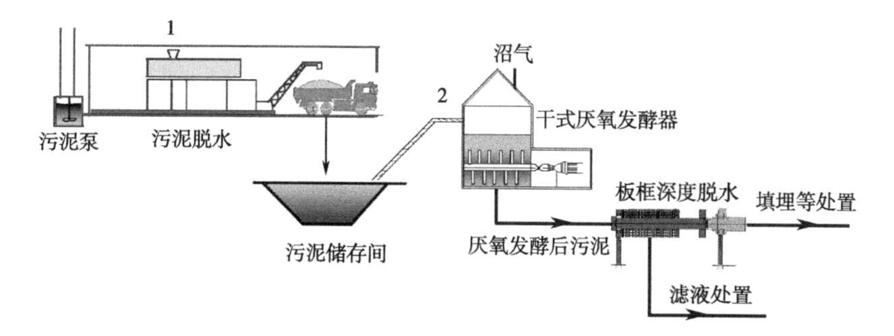

图 3-7 nZVI 用于脱水污泥干式厌氧发酵的技术方案

1—污泥脱水环节投加；2—干式厌氧发酵环节投加

参考文献

[1] Kanel S R，Manning B，Charlet L，et al. Removal of arsenic（Ⅲ）from groundwater by nanoscale zero-valent iron［J］. Environmental Science & Technology，2005，39（5）：1291-1298.

[2] 耿兵，金朝晖，邓春生. 纳米级零价铁修复重金属污染水体的研究进展［J］. 水资源与水工程学报，2011，22（5）：51-54.

[3] 张道勇. ZVI-SRB 生物吸附法去除水中重金属［D］. 长春：吉林大学，2004.

[4] Sayles G D，You G R，Wang M X，et al. DDT，DDD，and DDE dechlorination by zero-valent iron［J］. Environmental Science & Technology，1997，31（12）：3448-3454.

[5] Karri S，Sierra-Alvarez R，Field J A. Zero valent iron as an electron-donor for methanogenesis and sulfate reduction in anaerobic sludge［J］. Biotechnology and Bioengineering，2005，92（7）：810-819.

[6] Wang Q，Lee S，Choi H. Aging Study on the structure of Fe^0-nanoparticles：Stabilization，characterization，and reactivity［J］. Journal of Physical Chemistry C，2010，114（5）：2027-2033.

[7] Martin J E，Herzing A A，Yan W L，et al. Determination of the oxide layer thickness in core-shell zerovalent iron nanoparticles［J］. Langmuir，2008，24（8）：4329-4334.

[8] Keenan C R，Sedlak D L. Factors affecting the yield of oxidants from the reaction of nanoparticulate zero-valent iron and oxygen［J］. Environmental Science & Technology，2008，42（4）：1262-1267.

[9] Keenan C R，Sedlak D L. Ligand-enhanced reactive oxidant generation by nanoparticulate zero-valent iron and oxygen［J］. Environmental Science & Technology，2008，42（18）：6936-6941.

[10] Joo S H，Feitz A J，Waite T D. Oxidative degradation of the carbothioate herbicide，molinate，using nanoscale zero-valent iron［J］. Environmental Science & Technology，2004，38（7）：2242-2247.

[11] Liu Y Q, Majetich S A, Tilton R D, et al. TCE dechlorination rates, pathways, and efficiency of nanoscale iron particles with different properties [J]. Environmental Science & Technology, 2005, 39 (5): 1338-1345.

[12] Cwiertny D M, Bransfield S J, Livi K J T, et al. Exploring the influence of granular iron additives on 1, 1, 1-trichloroethane reduction [J]. Environmental Science & Technology, 2006, 40 (21): 6837-6843.

[13] Cwiertny D M, Bransfield S J, Roberts A L. Influence of the oxidizing species on the reactivity of iron-based bimetallic reductants [J]. Environmental Science & Technology, 2007, 41 (10): 3734-3740.

[14] Yang Y, Zhang C Q, Hu Z Q. Impact of metallic and metal oxide nanoparticles on wastewater treatment and anaerobic digestion [J]. Environmental Science-Processes & Impacts, 2013, 15 (1): 39-48.

[15] Auffan M, Rose J, Wiesner M R, et al. Chemical stability of metallic nanoparticles: A parameter controlling their potential cellular toxicity in vitro [J]. Environmental Pollution, 2009, 157 (4): 1127-1133.

[16] Xia T, Kovochich M, Liong M, et al. Comparison of the mechanism of toxicity of zinc oxide and cerium oxide nanoparticles based on dissolution and oxidative stress properties [J]. ACS Nano, 2008, 2 (10): 2121-2134.

[17] Liu J Y, Sonshine D A, Shervani S, et al. Controlled release of biologically active silver from nanosilver surfaces [J]. ACS Nano, 2010, 4 (11): 6903-6913.

[18] Smith J A, Carliell-Marquet C M. The digestibility of iron-dosed activated sludge [J]. Bioresource Technology, 2008, 99 (18): 8585-8592.

[19] Smith J A, Carliell-Marquet C M. A novel laboratory method to determine the biogas potential of iron-dosed activated sludge [J]. Bioresource Technology, 2009, 100 (5): 1767-1774.

[20] Carliell-Marquet C. The effect of phosphorus enrichment on fractionation of metal and phosphorus in anaerobically digested sludge [D]. Loughbourgh: University of Loughbourgh, 2001.

[21] 韩丹. 生活垃圾填埋场甲烷温室气体生物减排技术及示范 [D]. 上海: 同济大学, 2011.

[22] Li X Q, Brown D, Zhang W X. Stabilization of biosolids with nanoscale zero-valent iron (nZVI) [J]. Journal of Nanoparticle Research, 2007, 9 (2): 233-243.

[23] David A D, François M M M. Surface complexation modeling: Hydrous ferric oxide [M]. New York: John Wiley and Sons, 1990.

[24] Stumm W. Chemistry of the solid-water interface [M]. New York: John Wiley and Sons, 1992.

[25] Stumm W, Morgan J J. Aquatic Chemistry [M]. New York: John Wiley and Sons, 1996.

[26] 舒中亚, 汪杰, 黄艺. 零价铁纳米颗粒对硫酸盐还原菌的杀灭作用研究 [J]. 环境科学, 2011, 32 (10): 3040-3044.

第 4 章

纳米零价铁核-壳结构用于剩余活性污泥厌氧消化的原位固硫技术

剩余活性污泥（waste active sludge，WAS）是WWTP在处理污水过程中产生的副产物。厌氧消化作为现代化污水处理厂的一个重要处理工艺，可作为一种多功能的能源再生途径。厌氧消化将大部分有机组分转化成生物气。生物气的主要成分为甲烷和二氧化碳，可用于热量和蒸汽的生产、电力/热电联产，或作为车用燃料。在任何这些利用途径中，生物气都必须根据其进一步利用目的去除杂质，如硫化物。生物气中的硫化物会腐蚀内燃机并缩短内燃机的寿命，也会减少金属管道的寿命。对于生物气用于热电联产，可接受的硫化氢含量大约是100～500mg/m^3，具体要求与选择的设备有关。而当用作车辆燃料时，需要进一步将硫化氢含量降低至<5mg/m^3。此外，硫化氢还具有相对大多数其他异味化合物的极低嗅觉阈值（体积分数为0.41×10^{-9}），并在高浓度条件下对人体表现剧烈毒性。WAS厌氧消化系统的生物气泄漏（如生物气输送管道、消化器物料进出口）可导致恶臭的扩散，并可能直接威胁人群健康。

硫酸盐可作为硫酸盐还原菌（SRB）在厌氧条件下形成硫化物的电子受体，是生物气中硫素的主要来源。而以蛋白质或细胞成分的形式存在的有机硫，在厌氧消化过程被认为是仅部分降解，其很大一部分仍然保持不变。生物气中硫化氢的产生范围有很大的差别，这既取决于污泥含硫特性［例如来自污水的生物利用硫（bioavailable-S）、硫酸盐/亚硫酸盐强度、厌氧消化前硫化物的累积水平等］，又与SRB和产甲烷菌（MPB）两者基于相同的代谢基质（如乳酸和醋酸等）竞争之间的结果有关。

适当调理WAS可以一定程度上减弱沼气中的硫化氢强度，但仍不可避免地需要进一步处理以满足沼气综合利用工艺的要求。除了生物气末端洁净技术，过程水平（process-level）的硫化物控制可能是另一个可行的途径，通过在厌氧生物反应器，如氧化或者沉淀，亦或者两者的结合，以减少沼气中的H_2S含量，降低硫化物对产甲烷菌（MPB）的毒性。尽管如此，传统的氧化剂难以为沼气中的硫化氢提供持续有效的控制，甚至可能显著损害厌氧消化的环境条件。例如，在厌氧消化过程中掺入硝酸盐确实可以显著提升污泥的ORP水平，但并没有降低在沼气或消化液的硫化物浓度。而铁盐引入厌氧消化器将大量增加Fe^{3+}或者Fe^{2+}，进而对MPB等微生物产生毒性。最近，通过不断引入纯氧或空气作为氧化剂（需配置空气鼓入装置或者纯氧源），以微氧（microaerobic）或者适度氧化去除H_2S而不影响WAS的正常厌氧消化，得到了研究。目前，人们仍然重视寻求一种操作简单，仅仅是向厌氧消化反应器添加功能组分，即可长时间高效降低生物气中硫化氢含量的方法。

纳米零价铁（nZVI），由于它具有粒径小，比表面积大，以及快速污染物转化的高活性，已广泛地用于处理危险废物和有毒废物。纳米零价铁颗粒对污染物的具体去除机理（之间具有相联性）包括吸附、铁溶解、铁共沉淀，同时伴随氧化或还原。这些反应的机制还受到吸附或沉淀到纳米零价铁颗粒表面的有机或无机物质的影响。当处于水环境中时，nZVI将经历表面羟基化。结果是，一个薄的主要成分为氧化铁（或非晶氧化物）的表面层（厚度约2～4nm），不可避免地在聚合物表面和单个粒子之间形成。虽然nZVI的表面上形成一层氧化层，但电子仍被认为可从金属核通过氧化层向外环境转移。该氧化层的化学特性分析显示，其主要由两相组成，即靠近金属核的Fe（Ⅱ）/Fe（Ⅲ）混合相和在氧气或水界面附近的主要为Fe（Ⅲ）氧化物相。该氧化物层暴露于水中，使得其不可避免地在表面上含有羟基基团，形成一个明显的表面化学计量比接近FeOOH的氧化层，其具体化学组分尚未得到明确。核-壳结构（core-shell structure）的形成使得nZVI具有以前人们未察觉的多重的功能特性，并且提供了新的潜在应用领域。

这两个纳米级结构（纳米金属核和纳米氧化层）可赋予nZVI在污泥厌氧消化的复合特性或功效。金属铁可作为一种缓释电子供体，而该氧化层有利于污染物的修复。目前，nZVI核-壳结构用于剩余活性污泥厌氧消化过程原位固硫还很少被研究报道。本章节的研究目标是评估利用nZVI核-壳结构去除污泥厌氧消化生物气中硫化氢的潜力，考察nZVI添加对污泥厌氧消化性能的影响，归纳nZVI在WAS厌氧消化过程的功能角色。经过20 d厌氧处理后，污泥中的铁、磷和还原的无机硫（RIS）被分级提取，以帮助理解nZVI在厌氧消化中的详细作用机制。

4.1 纳米零价铁特性表征

扫描电子显微镜（scanning electron microscopy，SEM）图像，如图4-1，显示大多数的nZVI颗粒粒径范围为60～120nm，偶有粒径超过200nm的颗粒，形状一般为球形。各个颗粒之间可能是由于化学聚合等作用下相互链接，整体上呈链状团聚。进一步的能量色散X射线光谱（EDS）分析显示，nZVI中主要为Fe和O元素［其中Fe：89.78%，O：10.22%（以质量分数计）］。其中O元素的相对较高含量，可能部分是nZVI被空气老化导致的。

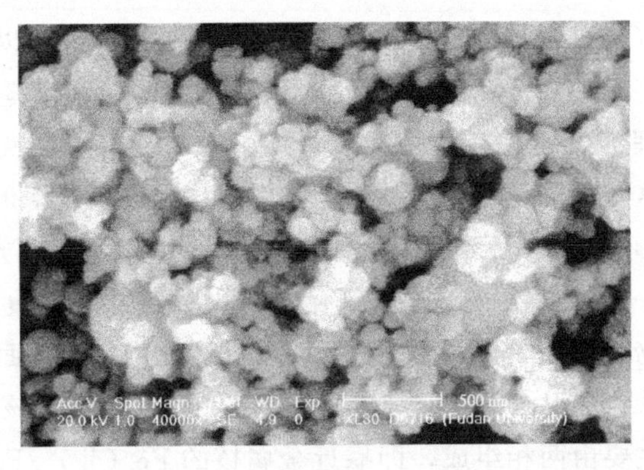
(a) SEM

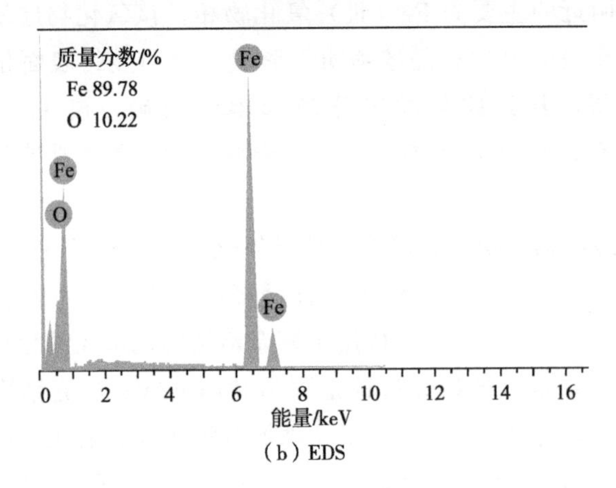

(b) EDS

图 4-1 nZVI 的 SEM-EDS 分析（40000×）

4.2 纳米零价铁对厌氧消化过程 pH 值和 ORP 影响

图 4-2 和图 4-3 分别显示不同剂量 nZVI 对 WAS 厌氧消化过程 pH 值和 ORP 的影响。研究发现在 2d 内，添加 nZVI 的污泥的 pH 值显著增加，即在 0.05%、0.10%和 0.20%（以质量分数计）nZVI 的作用下，使污泥的 pH 值从 6.5（空白）分别显著上升至 7.0、7.2 和 7.5。在后续的 18d 时间内，pH 值虽然仍进一步上升，但速度减缓，直到实验结束接近持平。20d 后，添加 0.05%、0.10%和 0.20%nZVI，使得 pH 值从 7.58±0.05，分别上升到 7.82±0.04、7.96±0.04、8.25±0.04［图 4-2（a）］。对 nZVI 添加组与空白组的 pH 值差异值进行分析，可以把 WAS 在厌氧消化过程中 pH 值的变化趋势大致分为三个

阶段：nZVI-H_2O 快速氧化阶段；nZVI-pH 值缓冲阶段；nZVI-pH 值平衡阶段［图 4-2（b）］。在 nZVI-H_2O 快速氧化阶段中，初始 pH 值的上升可以归于 nZVI 进入水相的快速氧化，如式（4-1）所示。

$$Fe^0(s)+2H_2O \xlongequal{} Fe^{2+}+H_2(g)+2OH^- \tag{4-1}$$

在之后，随着氢氧根离子在 nZVI 颗粒表面的积累，形成类似氢氧化物层(也就是形成纳米零价铁颗粒的核-壳结构)，从而降低进一步的氧化，并减缓 pH 值的上升速率。如图 4-2（b）所示，污泥体系中 nZVI-H_2O 快速反应阶段为 0～4d。在此后，部分 nZVI-H_2O 反应产生的 OH^- 被污泥中的酸（如挥发性脂

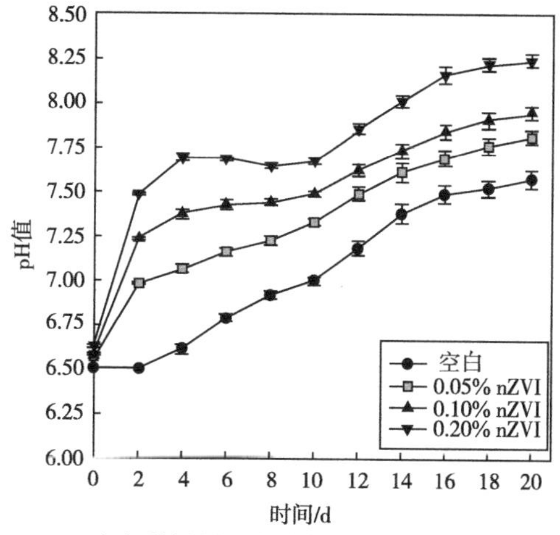

（a）剩余污泥厌氧消化过程中pH值的变化趋势

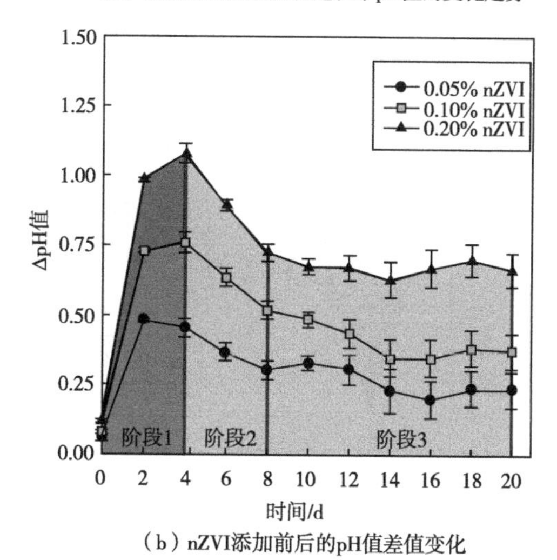

（b）nZVI添加前后的pH值差值变化

图 4-2 剩余活性污泥厌氧消化过程中 pH 值的变化趋势以及 nZVI 添加前后的 pH 值差值变化

肪酸）所中和，从而进入污泥体系的 nZVI-pH 值缓冲阶段。在该阶段之后，污泥体系的 nZVI-pH 值进入平衡阶段，pH 值随时间的变化趋势与污泥厌氧消化阶段有关，而与 nZVI 的添加无关。

同时在 0～2d 的时间内，空白，以及 0.05%、0.10%和 0.20%nZVI 的作用下，使 WAS 的初始 ORP 从 －17mV 分别显著下降至 －65mV、－83mV、－97mv和－135mV。在之后的 4～20d，添加 nZVI 并没有进一步加速降低剩余活性污泥的氧化还原电位［图 4-3（a）］。对 nZVI 添加组与空白组的 ORP 差值进行分析，同样可把厌氧消化大致分为三个阶段：nZVI-H_2O 快速氧化阶段、ORP

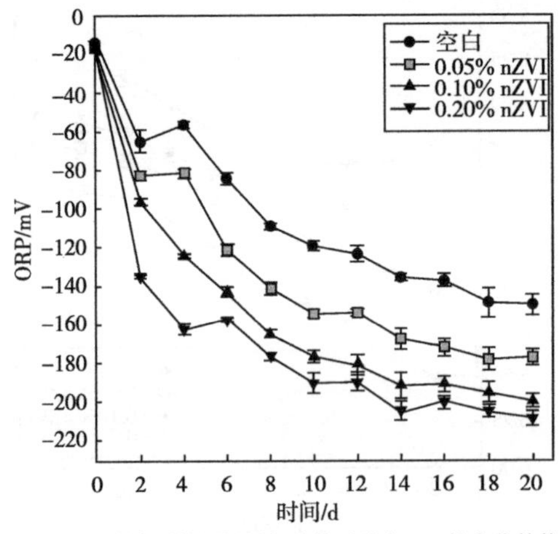

（a）剩余活性污泥厌氧消化过程中ORP的变化趋势

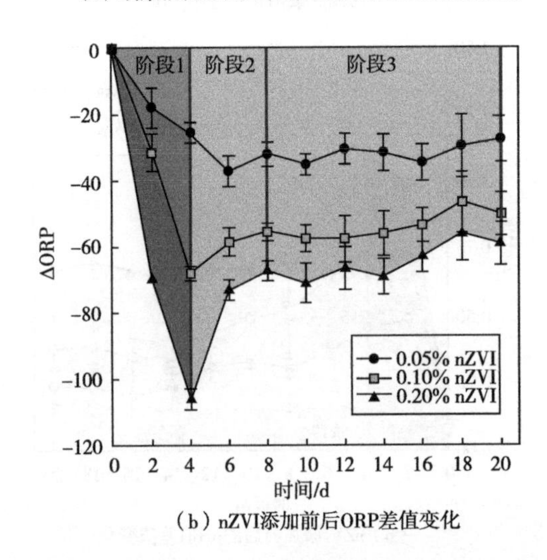

（b）nZVI添加前后ORP差值变化

图 4-3　剩余活性污泥厌氧消化过程中 ORP 的变化趋势以及 nZVI 添加前后 ORP 差值变化

缓冲阶段和 ORP 平衡阶段［图 4-3（b）］。污泥体系在厌氧消化过程中 ORP 的变化趋势同样可归于 nZVI 核-壳结构的形成以及污泥体系的缓冲性能。

4.3 纳米零价铁对生物气中硫化氢浓度的影响

未添加 nZVI 的 WAS（空白），在 20d 的厌氧消化过程中，其生物气中硫化氢平均浓度约为 300mg/m^3。由于硫酸根随时间被 SRB 消耗，造成污泥体系的硫酸根强度的降低，其生物气中硫化氢的浓度随时间从 663mg/m^3 下降至 84mg/m^3。随着 nZVI 的加入，在 0.05%、0.10%和 0.20%nZVI 的作用下，生物气中硫化氢的平均浓度分别显著降低（$P<0.005$）至 6.1mg/m^3、0.9mg/m^3 和 0.5mg/m^3［图 4-4（a）］，350mL WAS 总的硫化氢产量（20d 内）从（191.3±5.8）μg

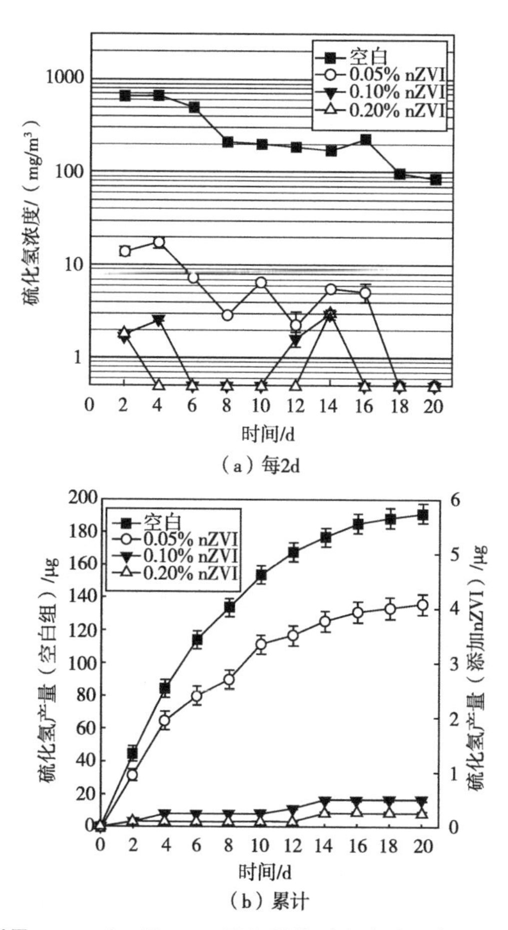

图 4-4　不同剂量 nZVI 对一般 WAS 厌氧消化过程中生物气硫化氢浓度的影响

分别下降至（4.1±0.2）μg、（0.5±0.0）μg 和（0.3±0.0）μg［图 4-4（b）］，其相应去除率可分别达到 98.0%（96.8%～100%）、99.7%（98.3%～100%）和 99.8%（98.3%～100%）。

而对于富含硫酸根的污泥，在未添加 nZVI 下，引入外源 1000 mg/L 的硫酸钠使厌氧消化过程中的平均硫化氢浓度从 312mg/m^3 大幅度上升至 3620 mg/m^3［图 4-5（a）］。在该条件下，0.05%、0.10%和 0.20%nZVI 使生物气中硫化氢的平均浓度分别显著降低（$P<0.001$）至 121mg/m^3、3.3mg/m^3 和 1.3mg/m^3，总的硫化氢产量（20d 内）从 2218μg 分别下降至 88μg、2.1μg 和 0.5 μg［图 4-5（b）］，其相应去除率可分别达到 97.2%（91.7%～99.6%）、99.9%（99.7%～100%）和接近 100%。硫化氢去除率和 nZVI 的添加剂量呈正相关。

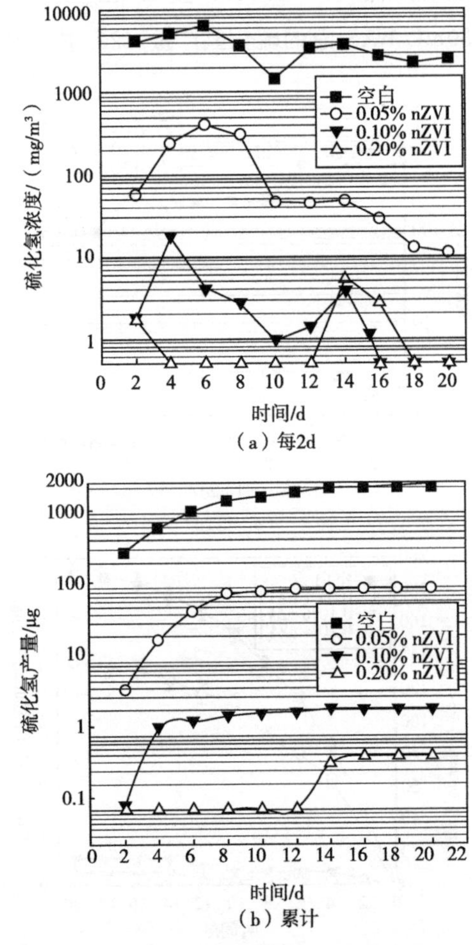

图 4-5 不同剂量 nZVI 对富含硫酸盐 WAS（外加 1000 mg/L 的硫酸钠）厌氧消化过程中生物气硫化氢浓度的影响

对于生物气用于热电联产，可接受的硫化氢含量大约100～500mg/m³。基于此认为，一般情况下添加0.05% nZVI可使生物气中硫化氢的浓度降低至小于10mg/m³（或者150mg/m³，在富含硫酸盐污泥中），而这低于绝大部分的生物气电力生产设备的要求。同时，对于生物气的其他用途（如作为车辆能源），剂量为0.10% nZVI可使生物气中硫化氢的浓度进一步降低至1mg/m³（或者在富含硫酸盐污泥中为5mg/m³）。

4.4 纳米零价铁对污泥可消化性的影响

4.4.1 生物气和甲烷

图4-6显示在20 d内不同剂量nZVI对污泥厌氧消化过程中生物气和甲烷累计产量的影响。根据重复测量ANOVA（repeated measures ANOVA）分析，生物气的产量在0.05%～0.10%的nZVI添加剂量下不会受影响，但是在0.20% nZVI的作用下显著下降（$P=0.02$）。相较于生物气，甲烷产量被污泥处理公司认为是一种更加有用的衡量手段，因为其直接与发电厂或者热电厂的能力相关。由于nZVI的添加使得污泥生物气中甲烷浓度的提高（或者称为生物气的提高），添加0.05%和0.10%剂量的nZVI使得甲烷的产生量提高9.8%和4.2%，但是在0.20% nZVI的作用下降低8.4%。其中生物气中相对较低的甲烷浓度可部分归因于启动时血清瓶顶空的高纯氮。

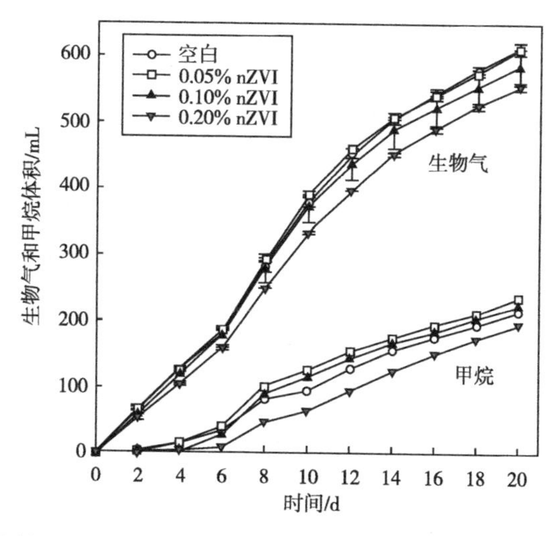

图4-6 不同剂量nZVI对污泥20d厌氧消化的生物气和甲烷产生速率的影响

有人认为nZVI的加入提高生物气中甲烷的浓度，是在不同种类的氢营养型产甲烷菌（hydrogenotrophic methanogens）的作用下，通过式（4-2）实现的。

$$8H^+ + 4Fe^0 + CO_2 \longrightarrow CH_4 + 4Fe^{2+} + 2H_2O$$

$$\Delta G^{\circ\prime} = -150.5\text{kJ/mol } CH_4 \qquad (4\text{-}2)$$

Yang等研究发现，nZVI的加入可以显著提高污泥的溶解性化学需氧量（SCOD）和VFA累积量，同时促进产甲烷菌的快速生长。但是，Karri等研究认为nZVI的加入可能增加污泥体系中的溶解性Fe（Ⅱ）的含量，进而损害产甲烷菌。此外，nZVI的加入会刺激SRB和MPB的繁殖和生长，而SRB和MPB对基质的竞争也可能对生物气和甲烷的产量产生正面或负面效应。同时，第4.5节研究中发现的nZVI对污泥生物可利用-P的固定作用，也很可能对污泥的厌氧消化产生不利影响。基于此，本节中nZVI对污泥可消化性的影响，仅将污泥体系视为“黑箱”，以分析和表征nZVI对污泥厌氧消化的外在表观影响。

4.4.2 FT-IR分析

图4-7描述了不同剂量nZVI作用下污泥颗粒的FT-IR光谱图。根据Gulnaz等、Laurent等、Pei等和Zhen等的研究，在波数为3419cm^{-1}处较宽的强吸收谱带主要由酚羟基和醇羟基官能团的O—H伸缩振动（ν_1）引起；波数位于2925cm^{-1}和2854cm^{-1}的尖吸收谱峰分别为脂肪类物质（aliphatic structures）和脂质类（lipids）中CH_2键的不对称性和对称性伸缩振动；谱图中波数为1645cm^{-1}和1539cm^{-1}的两处肩峰是酰胺Ⅰ带化合物（C═O、C—N）和酰胺Ⅱ带化合物（N—H肽键）的特征峰，为蛋白质的典型二级结构，显示污泥中厌氧消化后仍含蛋白质物质；1456cm^{-1}处的谱带为CH_2的变形振动；1404cm^{-1}谱带处的吸收峰与羧基化合物（carboxylates）的C═O伸缩振动、醇类（alcohols）和酚类物质（phenols）的OH变形振动有关；波数在1043cm^{-1}的吸收谱带为多糖或多聚糖类物质（polysaccharides）的C—O—C和C—O振动特征峰。

FT-IR光谱分析表明，污泥中固相有机物中的脂肪类物质和脂质类的含量随着nZVI的添加量增大而降低，这暗示着nZVI可能可以促进污泥有机组分中的脂肪类或脂质类的降解，或者是向液相有机质转移。此外，在nZVI的存在条件下，污泥中的蛋白质物质和多糖或多聚糖类物质的强度都有减弱的趋势。整体上FT-IR的分析显示出nZVI可加速降解生物污泥固相的蛋白质、多糖，以及脂类等组分。

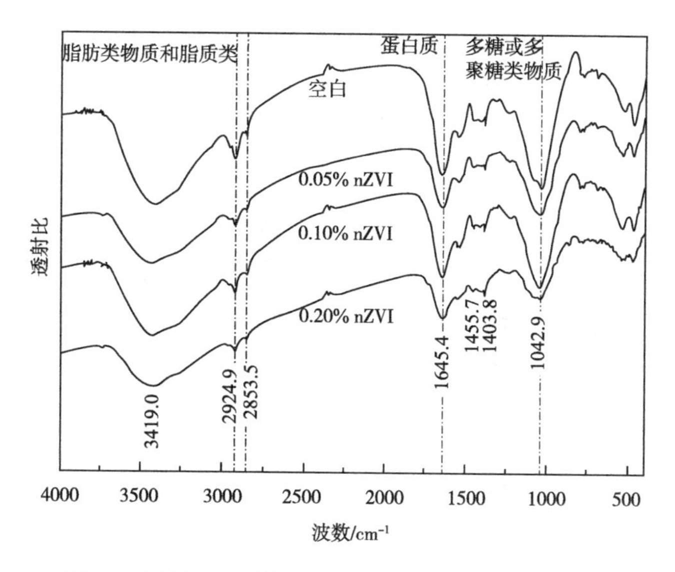

图 4-7 不同 nZVI 投加量下污泥颗粒的 FT-IR 光谱图

4.4.3 挥发性物质分析

不同剂量 nZVI 对 20d 厌氧消化后污泥的挥发性物质（VM）和溶解性有机碳（DOC）的影响，如图 4-8 所示。其中挥发性物质包括污泥固相和液相部分。由于 nZVI 的加入改变了污泥的含固率，也改变了污泥固相 VM 含量（以百分含量计），因此为了方便比较 nZVI 对污泥有机质降解的情况，将 VM（%）转变为 VM（g/L），如式（4-3）所示。

$$VM\ (g/L) = VM\ (\%) \times TS\ (g/L) \tag{4-3}$$

在 0.05%、0.10%和 0.20% nZVI 的作用下，污泥中的 VM 从（4.35±0.03）g/L 分别上升到（4.39±0.07）g/L、（4.46±0.06）g/L、（4.74±0.05）g/L。不同剂量的 nZVI 对污泥中的 DOC 的影响不同。添加 0.05% nZVI 使得污泥中的 DOC 从（982.4±1.1）mg/L，下降到（806.9±3.8）mg/L，而 0.10%和 0.20%的 nZVI 则使污泥 DOC 分别上升到（1034±1）mg/L 和（1004±6）mg/L。分析 DOC 和 VM 结果，似乎显示，尽管 0.05%的 nZVI 可以加速污泥中 DOC 的降解，但是不同剂量的 nZVI 对污泥基质的降解均存在不利作用，即对污泥的稳定化进程或者可消化性产生不利影响。但是，该分析存在以下两个方面的问题：a. nZVI 可以促进污泥中固相 COD 向液相 COD（也就是 SCOD）转化，因此污泥中 DOC 的浓度变化无法完全反映污泥有机质降解程度的差异；b. nZVI在水环境中形成的特殊结构（核-壳结构），含有大量的结合水对VM（g/L）分析造成的误差。

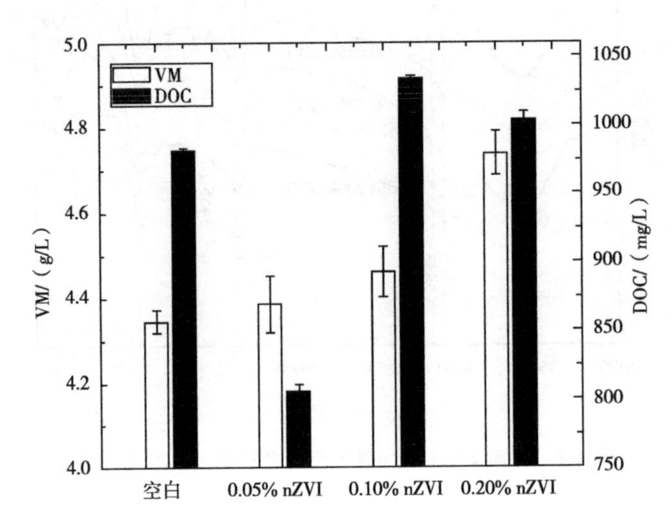

图4-8　不同剂量nZVI对20d厌氧消化后污泥的挥发性物质和溶解性有机碳的影响

基于此，进一步利用热重分析-差示扫描量热法（TG-DSC）对污泥进行表征，如图4-9所示。正如所预料的，添加nZVI的污泥中含有一部分结合水（大部分可归因于nZVI核-壳结构结合水），在TG分析中表现为100～175℃的质量损失。为了避免nZVI-H_2O反应产生的结合水对污泥VM分析的影响，以下通过TG分析计算不同剂量nZVI对污泥实挥发性物质含量（称为TVM，true volatile materials，即校正结合水后的挥发性物质含量）进行表征。作以下假设：a. 污泥中nZVI-H_2O反应产生的结合水或者其他形式的结合水均在100～175℃温度范围内得到去除，在此阶段中无任何有机物质被损耗；b. TG分析中175～550℃温度下产生的质量损失均为有机物质的热灼烧损失，并且有机物质在此阶段中完全去除。基于此假设，如图4-9中所示阴影部分为污泥基于假设条件的有机挥发性物质含量。

以下计算基于上述假设的污泥TVM含量，如图4-10所示。其中空白、0.05%、0.10%和0.20% nZVI的TVM（%，干基）分别为39.2±0.2、32.9±0.7、32.0±0.4和29.3±0.1［图4-10（a）］。通过式（4-3），计算污泥在20d厌氧消化后的TVM（g/L）含量，结果显示空白、0.05%、0.10%和0.20% nZVI的TVM（g/L）分别为3.38±0.02、3.14±0.07、3.24±0.04和3.39±0.01，如图4-10（c）所示。该结果显示，低剂量的nZVI可以促进污泥中有机组分的降解，但是较高剂量（如0.20%）的nZVI对污泥的稳定化进程没有积极

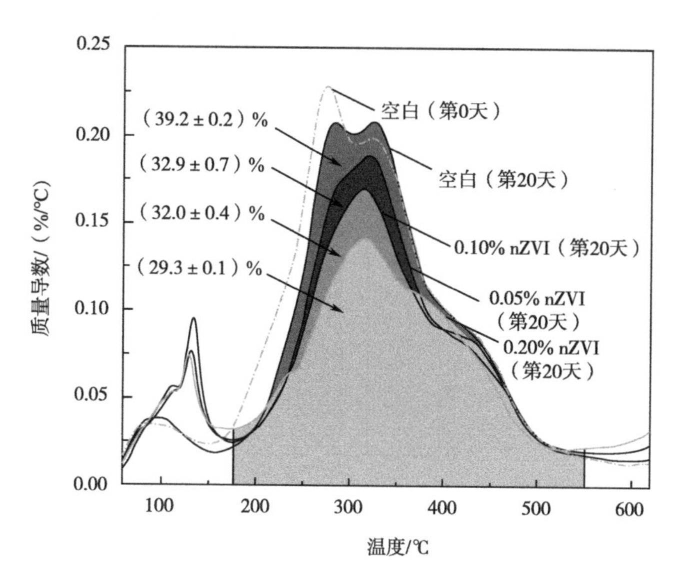

图 4-9 不同剂量 nZVI 作用下污泥的 TG-DSC 分析图

其中阴影部分为基于假设条件的有机物量，DSC 的数据是由 DTA 计算而得

影响，该结果与甲烷产量等分析的结果基本一致。同时，结合污泥厌氧消化后 DOC 的含量分析，显示 nZVI 可以提升污泥中固相有机质向液相的转移。较高剂量的 nZVI 无法加速污泥的降解，其部分原因可归因于污泥生物可利用-P 的剧烈固定作用。

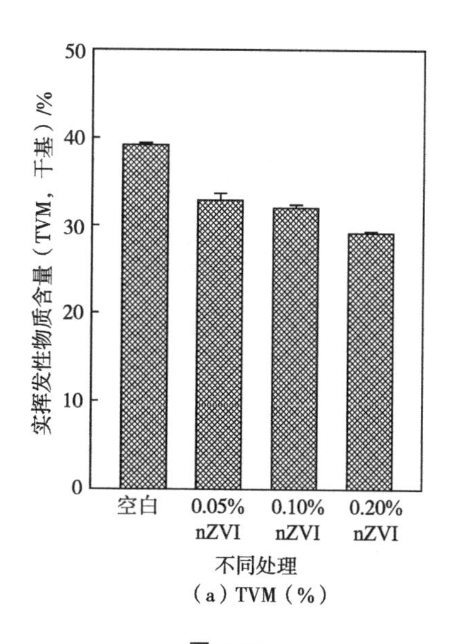

（a）TVM（%）

图 4-10

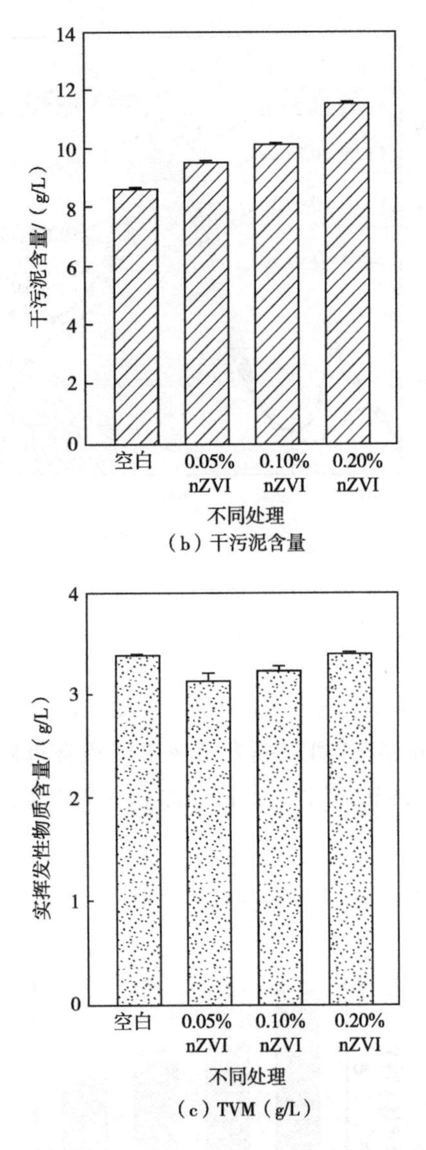

（b）干污泥含量

（c）TVM（g/L）

图 4-10　不同剂量 nZVI 对污泥 TVM（%）和 TVM（g/L）的影响

4.5　纳米零价铁对污泥中磷、铁和还原性无机硫形态分布的影响

4.5.1　对磷形态分布的影响

厌氧消化完成后，污泥中 P 的无机特性表征见表 4-1。每一部分表示在连续萃取方法中的萃取相，并且表示为浓度（mg/L）。根据 Carliell-Marquet 所进行

的研究，NaOH-P 被认为主要是 Fe（Ⅲ）-hydroxy-P 和磷酸铁；H_2O-P 被认为是溶解性和弱结合态磷；乙酸-P 则认为包括磷酸铵镁-P（struvite-P），磷吸附于碳酸钙和一部分无定形 Ca-P 沉淀物等。不同剂量的 nZVI 的加入均降低了污泥中 H_2O-P 和乙酸-P 的比例，同时提高了 NaOH-P 的比例（图 4-11）。卡方检验（chi-square test）显示添加 nZVI 和空白样品的磷形态分布呈显著差异（$P<0.001$）。如图 4-11 所示，发现在 0.05%，0.10%和 0.20% nZVI 的作用下，污泥中生物可利用-P 比例，从 58.12%分别显著降低（$P<0.001$）至 5.32%，0.78%和 0.38%。其中生物可利用-P 被认为是可以通过水和乙酸提取的部分（即 H_2O-P＋乙酸-P），可以被微生物利用。

表 4-1 纳米零价铁添加对厌氧消化后污泥中磷的浓度和分布的影响

单位：mg/L

处理方式	空白	0.05% nZVI	0.10% nZVI	0.20% nZVI	P 形态解释[3]
溶解性	66.05±0.04	0.10±0.01	0.08±0.00	0.11±0.01	溶解性磷
超纯水[1]	13.38±0.05	0.30±0.04	0.14±0.00	0.12±0.00	轻微结合于污泥颗粒的磷
乙酸 1	39.91±0.08	3.36±0.01	0.40±0.00	0.36±0.01	鸟粪石；无定形 Ca-P 沉淀物
乙酸 2	11.54±0.29	8.57±0.39	1.17±0.01	0.27±0.02	溶解性活性磷（SRP）；有机磷
NaOH	73.17±0.21	200.10±0.30	208.66±6.62	205.70±8.54	磷酸钙；磷酸铁等
残渣	21.16±0.61	19.55±0.76	18.33±0.03	19.95±2.32	
生物可利用（BAP）[2]	130.88±0.31 [58.12%]	12.33± 0.39 [5.32%]	1.79± 0.01 [0.78%]	0.86±0.02 [0.38%]	
总浓度	225.21±0.71	231.98±0.91	228.78±6.62	226.51±8.85	

① 超纯水（18MΩ·cm）；

② 包括溶解-P、超纯水-P、乙酸 1-P 和乙酸 2-P，被认为是可以被微生物利用；

③ 参考 Carliell-Marquet。

在所有可以被微生物利用磷的形态中，H_2O-P（包括超纯水提取-P 和溶解性-P）的浓度大幅度从 79.4mg/L（空白）降低至 0.4mg/L、0.2mg/L 和 0.2mg/L（图 4-12）。根据 ANOVA 分析，nZVI 添加组和空白组的 H_2O-P 浓度变化是显著的（$P<0.001$）。特别是最容易被微生物利用的溶解性-P，在 0.05%、0.10% 和 0.20%的 nZVI 作用下，其浓度从 66.1mg/L（空白）剧烈下降致约为 0.1mg/L。同时，Fe（Ⅲ）-hydroxy-P 和磷酸铁部分的磷（可以被

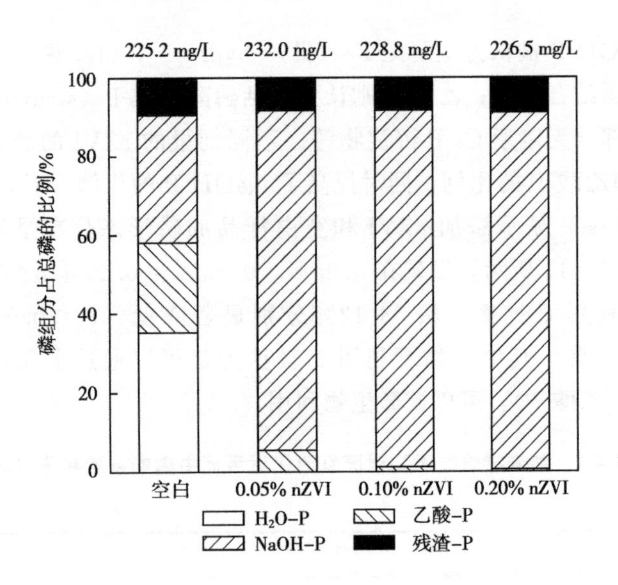

图 4-11　不同剂量 nZVI 对厌氧消化后污泥中磷形态比例的影响

采用 SEP 方法表征，其中顶部数据显示污泥的总磷含量

NaOH 萃取部分)，在 0.05%、0.10%和 0.20% nZVI 的作用下，从 73.2mg/L 分别提高到 200mg/L、209mg/L 和 206mg/L（表 4-1)。

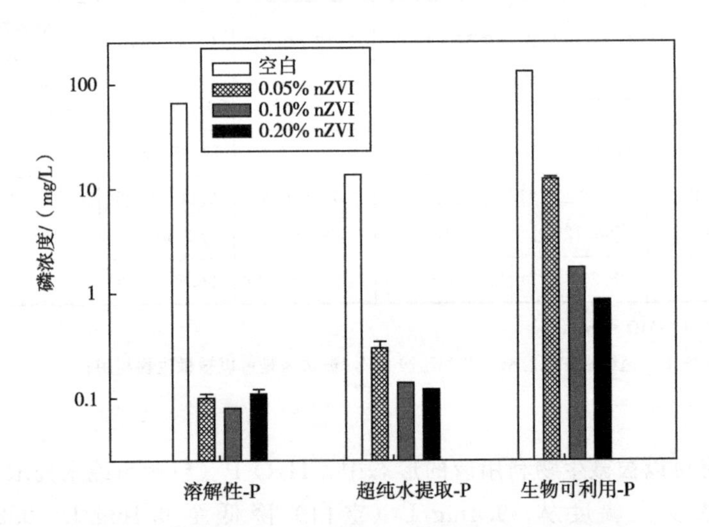

图 4-12　不同剂量 nZVI 对污泥中生物可利用-P 的影响

磷的形态分析结果显示 WAS 中溶解性和弱结合态磷在 nZVI 的作用下被固定，形成 Fe（Ⅲ）-hydroxy-P 或者磷酸铁（或亚铁)。进一步的污泥固相 XRD

分析清楚显示，未添加nZVI的污泥（空白）中不含有$Fe_3(PO_4)_2$，而污泥中蓝铁矿［vivianite，$Fe_3(PO_4)_2$］的强度随着nZVI的添加剂量增大而强度不断增强，这显示$Fe_3(PO_4)_2$是污泥厌氧消化过程中生物可利用-P和nZVI的作用产物（图4-13）。$Fe_3(PO_4)_2$的形成反应方程式可如式（4-4）表示：

$$3Fe^{2+}+2PO_4^{3-} \longrightarrow Fe_3(PO_4)_2 \tag{4-4}$$

Fe^{2+}的潜在来源包括两个方面，一方面是nZVI在厌氧条件下快速氧化导致单质铁转变的Fe^{2+}和Fe^{3+}［式（4-1）］；另一方面nZVI-H_2O反应形成的包含Fe（Ⅲ）的壳结构［或者污泥中自身的Fe（Ⅲ）］被IRB还原所释放出来，如式（4-5）所示。

$$4Fe^{3+}+CH_2O+H_2O \longrightarrow 4Fe^{2+}+CO_2+4H^+ \tag{4-5}$$

而Fe（Ⅲ）/Fe（Ⅱ）氢氧化物等不可溶颗粒在磷酸根的反应效率上则被认为低于Fe^{2+}。

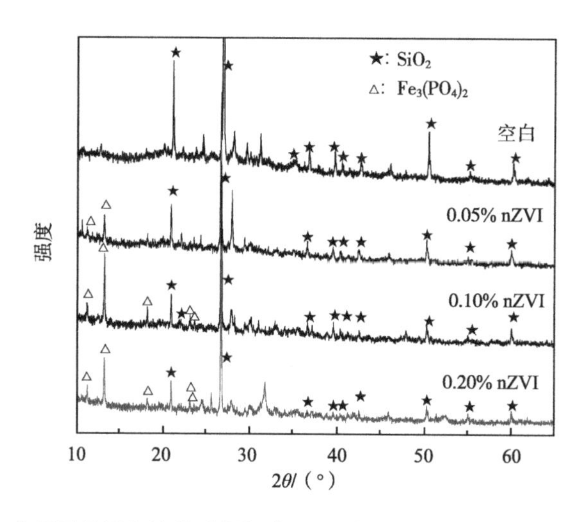

图4-13 XRD分析显示厌氧消化后污泥在nZVI作用下产生大量的蓝铁矿（vivianite）

Fe^{2+}与PO_4^{3-}的反应，将降低nZVI在快速氧化阶段释放出来的Fe^{2+}对产甲烷菌的不利影响，也使添加nZVI的污泥在厌氧消化后保持一个较低可溶性铁的浓度。在厌氧消化器中污泥生物可利用-P，特别是溶解性磷，其浓度的降低可能会导致污泥可消化性的损害，或者可称为溶解性磷缺乏。而这可能进一步减少生物气的产生量并减缓污泥的稳定化进程。同时，Dentel和Gossett进一步提出有机物质（比如是脂肪酸）可能会被Fe-hydroxy-phosphates链物理缠绕从而导致在厌氧消化过程中难以或者不能被生物利用。但是，从另外一个角度上看，污泥中生物可利用-P被nZVI固定生成磷酸亚铁可有利于WAS中磷的回收，特别是采用碱性萃取技术。

4.5.2 对铁形态分布的影响

厌氧消化完成后，对不同剂量 nZVI 作用下污泥铁的形态分布进行归纳，如图 4-14，污泥中 Fe 的无机特性表征见表 4-2。在 0.05%、0.10%和 0.20% nZVI 的作用下，WAS 中总铁的含量（通过总酸消解得到）从 148.6mg/L 显著上升到 617.8mg/L、1155mg/L 和 1905mg/L。虽然 nZVI 的加入大幅度提高了污泥中总铁的含量，但是生物可利用铁部分，被认为是包括溶解性 Fe 以及可以被 UPW、KNO_3和 KF 提取的铁（即 soluble＋UPW＋ KNO_3＋KF），并没有明显的变化。根据 XRD 等的表征结果，认为该现象的主要原因在于 nZVI 快速氧化阶段所释放出来的亚铁离子被磷酸盐固定。根据 Carliell-Marqet 等的研究，可以被 $Na_4P_2O_7$提取部分的铁包括有机结合态 Fe；EDTA-Fe 则包括 Fe-hydroxides 和羟基磷酸铁化合物；而残余态铁则包括 Fe-P 化合物中难以被提取部分，磷酸铁以及硫化亚铁等。研究发现，20d 厌氧消化后，所有污泥样品中铁的主要存在形式为有机结合态铁、铁氢氧化物、磷酸铁和硫化亚铁。根据铁的形态分布分析发现，添加的 nZVI 在 WAS 厌氧消化后基本上转化为 Fe-hydroxides 和磷酸铁。从重复利用的角度上看，添加 nZVI 后污泥中生成的磷酸铁将不再具有功效。

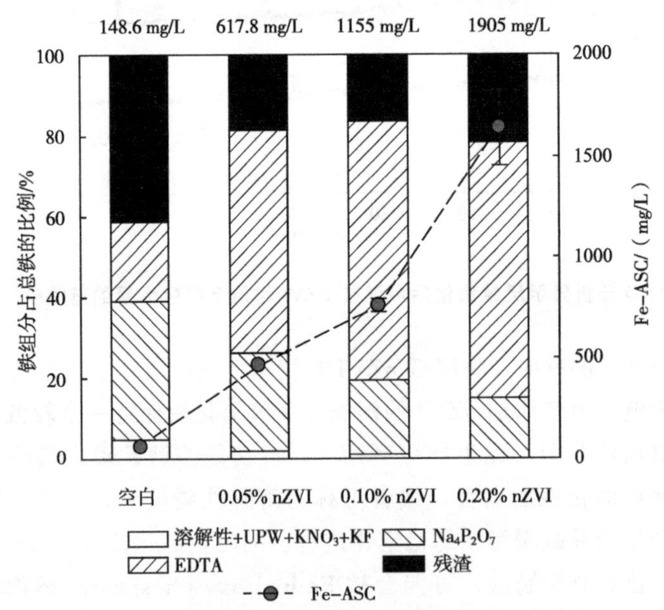

图 4-14 不同剂量 nZVI 作用下污泥铁的形态分布

采用 SEP 方法表征，其中顶部数据显示污泥的总铁含量，Fe-ASC 可以视为活性水合铁

而 Fe（Ⅱ）/（Ⅲ）-hydroxide（nZVI 外核结构的组成）和磷酸铁的形成可分别归因于 H_2O-nZVI 反应以及生物可利用-P 的固定。

表 4-2 纳米零价铁添加对厌氧消化后污泥中铁浓度和分布的影响

单位：mg/L

处理方式	空白	0.05% nZVI	0.10% nZVI	0.20% nZVI	铁形态解释[②]
溶解性＋超纯水	0.02±0	0.05± 0	0.07± 0.05	0.00± 0	溶解性 Fe
KNO_3	0.24±0.02	0.29± 0.09	0.27± 0.03	0.31± 0.04	静电吸引而结合的 Fe
KF	6.88±0.47	12.49± 0.07	13.52± 1.33	5.77± 0.97	吸附于污泥的 Fe
$Na_4P_2O_7$	51.46± 0.91	149.6± 7.33	213.76± 2.96	279.18± 10.87	结合于有机物的 Fe
EDTA	28.96± 0.25 [19.49%]	341.1± 8.45 [55.20%]	740.9± 3.38 [64.14%]	1212 ± 7.05 [63.61%]	铁氢氧化物；羟基铁-磷酸盐
残渣	61.00± 6.07	114.3± 5.51	186.5± 8.90	407.8± 10.66	磷酸铁化合物
生物可利用部分[①]	7.14±0.47	12.83±0.11	13.86±1.33	6.08± 0.97	
总浓度	148.6± 6.16	617.8± 12.47	1155± 10.06	1905± 16.81	
Fe-ASC[③]	69.12± 2.24	466.5± 14.73	760.4± 30.93	1644± 88.05	

① 包括溶解性-Fe、超纯水- Fe、KNO_3-Fe 和 KF-Fe，被认为是可以被微生物利用；

② 参考 Carliell-Marquet；

③ 利用抗坏血酸提取，参考 Ferdelman，亦被称为水合铁氧化物。

而且，进一步通过抗坏血酸提取铁（Fe-ASC）分析发现，在厌氧消化处理后，添加 nZVI 的污泥中仍然富含有大量的活性反应铁氧化物。Fe-ASC 的浓度在 0.05%、0.10%和 0.20% nZVI 的作用下从 69 mg/L 分别上升至 466mg/L、760mg/L 和 1644mg/L。污泥本身含有的 69 mg/L 的 Fe-ACS，表明未经处理污泥本身对硫化氢也有部分去除率。但是，由于生物污泥本身活性铁的活性效率和分布特点，以及含量较低，使得污泥厌氧消化过程中仅有小部分的硫化氢被去除。Fe-ASC 含量的分析暗示重新利用添加 nZVI 的 WAS 来去除下一批次硫化氢的释放，将是一种可行的降低操作成本的方案。其可类似于 Zhang 等提出的回用剩余活性污泥去除硫化氢。同时，利用热重和热差异分析（TG-DTA）也同样表明经处理后污泥中还含有大量的水合活性氧化铁。如图 4-15 所示，在 100～170℃条件下的质量损失为添加 nZVI 后污泥体系中残留的活性铁氧化物进一步脱水所产生的质量损失，确认了污泥体系中还存有较高含量水合铁氧化物。

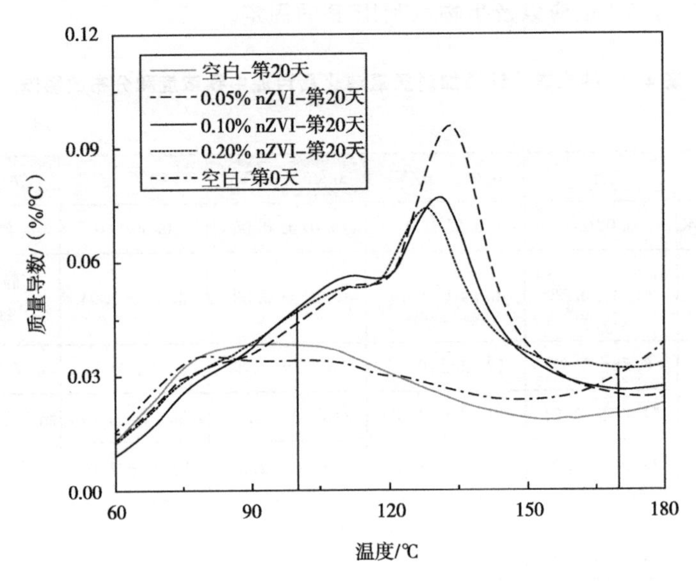

图 4-15　TG-DTA（60～180℃）显示添加 nZVI 污泥在厌氧消化后仍富含结合水

4.5.3　对还原性无机硫（RIS）形态分布的影响

污泥中 RIS 的表征是用于阐明 nZVI-硫化物的反应产物，同时有助于理解厌氧消化过程中生物气硫化氢的去除机制。经过 20d 厌氧消化后，添加 0.05%、0.10%和 0.20%的 nZVI 分别使污泥中 AVS 提高 3.85mg/L、4.42mg/L 和 7.49mg/L，CRS 提高 0.12mg/L、0.15mg/L 和 0.14mg/L，ES 提高 0.08mg/L、0.11mg/L 和 0.11mg/L（图 4-16）。重复测量 ANOVA（Repeated-measures ANOVA）显示添加 nZVI 与空白污泥在 AVS（$P<0.05$）和 CRS（$P<0.05$）存在差异显著性。基于 Rickard 和 Morse 对 AVS 的潜在源的分析，以及本研究所用的冷扩散分布测试方法的分析，研究认为污泥中 AVS-S 的增加是由 nZVI 与硫化物的反应中，S（－Ⅱ）（硫酸根被 SRB 还原）被固定为不可溶的硫化亚铁所导致的。FeS 的形成可能来自 nZVI 与硫化物的直接反应，其中硫化物为污泥厌氧过程中积累的，如式（4-6）所示。

$$Fe^0 + H_2S = FeS + H_2(g) \tag{4-6}$$

同时，空白和添加 nZVI 污泥样品中 CRS 和 ES 的变化，暗示 FeS_2 和 S^0 是厌氧消化过程中 nZVI 与硫化物反应的产物。

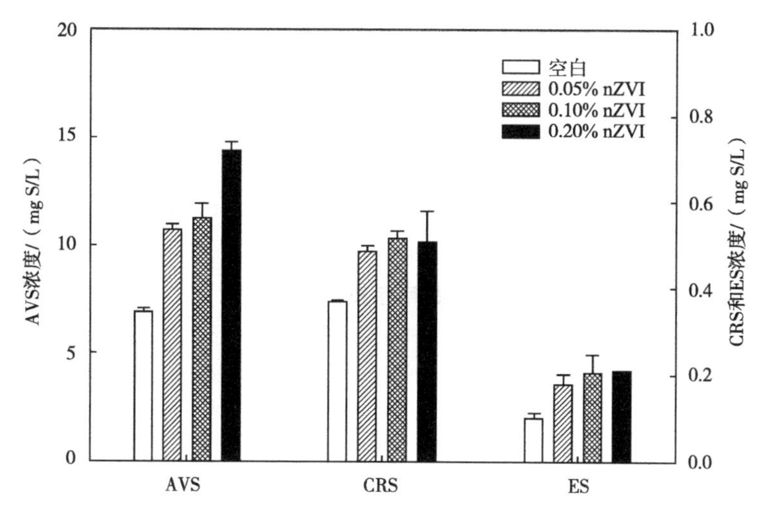

图 4-16 污泥厌氧消化后 AVS，CRS 和 ES 的形态分布

Li 等研究已经表明 nZVI 可以在水环境中形成一层铁氧化物层，可由式(4-7)简化表示。

$$Fe^0 + 2H_2O = FeOOH + 1.5H_2(g) \tag{4-7}$$

除了式（4-7）外，硫酸盐还原产生的硫化物可以与纳米颗粒的水合 Fe（Ⅱ）/Fe（Ⅲ）氧化层发生反应，从而高效去除生物气中的硫化氢。在此过程中，S^{2-} 被固定为 FeS、FeS_2 或者氧化为 S_8：

$$2FeOOH + 3H_2S = 2FeS + 1/8S_8 + 4H_2O \tag{4-8}$$

$$2FeOOH + 3H_2S = FeS_2 + FeS + 4H_2O \tag{4-9}$$

污泥 RIS 的分析表明绝大部分硫化物在 nZVI 表面上被固定为硫化亚铁，并且有一小部分被氧化成硫铁矿或者单质硫。正是由于形成 FeS、FeS_2 和 S^0，从而厌氧消化过程中生物气中硫化物的浓度显著降低。

同时，对 20d 厌氧消化后污泥中的硫酸根浓度进行分析，如图 4-17 所示。由于硫酸盐是污泥中 SRB 最容易代谢的含硫组分，而细胞有机硫等被认为在厌氧消化中很少被降解，因此硫酸根的消耗速度可在一定程度上反映 SRB 的代谢活性或者硫酸根还原强度。总体上，nZVI 的作用对污泥中的弱结合形式的硫酸根（通过 UPW 连续三次振荡提取得到）的浓度影响不大。空白，添加 0.05%、0.10%和 0.20%的 nZVI 使污泥中弱结合 SO_4^{2-} 的浓度分别为 37.4mg/L、42.6mg/L、44.5mg/L 和 33.2mg/L。nZVI 的存在条件下，改变了污泥的溶解性硫酸根的还原强度。在 20d 厌氧消化后，添加 0.05% nZVI 使污泥中溶解性-SO_4^{2-} 从（60.4±0.2）mg/L 上升到（71±0.3）mg/L，而在 0.10%和 0.20% nZVI 作用下则分别下降到（53.1±1.0）mg/L和（25.1±0.4）mg/L。该现象暗示在0.05% nZVI作用下减缓了SRB的硫酸根还原作用，而0.10%和0.20% nZVI均提高了污泥中硫酸根还原作用。有研究显示nZVI的氧化产物FeOOH等会抑制SRB的繁殖代谢，甚至使其失活。而且，nZVI-H_2O反应产生的阴极氢、nZVI对污泥体系的pH值和ORP的影响等均会对SRB的活性造成直接影响，SRB和MPB的竞争也会对SRB代谢速率造成影响。因此，nZVI对污泥厌氧消化过程的硫酸根还原强度的影响应该是一个复合的影响导致的。

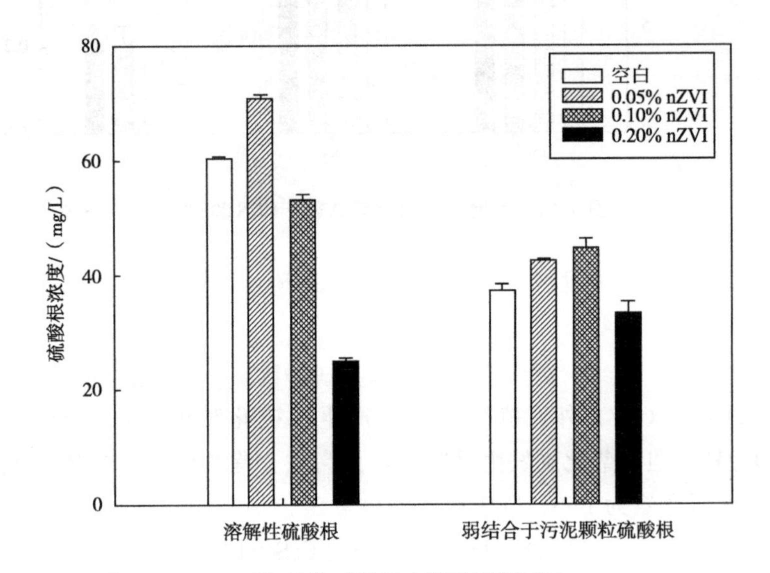

图4-17　20 d厌氧消化后污泥中的硫酸根浓度

为进一步研究污泥体系内nZVI与硫化物的反应过程，进行了以下补充实验。即通过配制SRB的培养溶液，并接种生物污泥的混合菌群，在此基础上加入nZVI粉末，厌氧培养30 d后，对nZVI颗粒进行SEM和SEM-EDS（图4-18、图4-19），以及XPS分析。其中SRB的培养液配制如下：每升溶液中KH_2PO_4（8.5mg），K_2HPO_4（21.75mg），$Na_2HPO_4 \cdot 7H_2O$（33.4mg），$CaCl_2 \cdot 2H_2O$（27.5mg），$MgSO_4 \cdot 7H_2O$（22.5mg），$FeCl_3 \cdot 6H_2O$（0.25mg），5mL 50%乳酸钠，2.0g $Na_2SO_4 \cdot 10H_2O$以及0.5g抗坏血酸。生物污泥为污水处理厂曝气池回流污泥，经3μm的微孔滤膜过滤后，将5mL滤液接种到上述的500mL SRB培养液中。培养液在接种前利用氮气进行曝气以减少溶液中的溶解氧，同时添加抗坏血酸用于降低培养液的ORP，以有利于SRB的繁殖代谢。密封容器后置于35℃的培养箱培养，过程中定期振荡溶液。30d后，培养液（含nZVI）在氮气的保护下进行离心，倾倒上清液，nZVI 进一步用乙醇脱水，最后用高纯氮吹脱干燥。

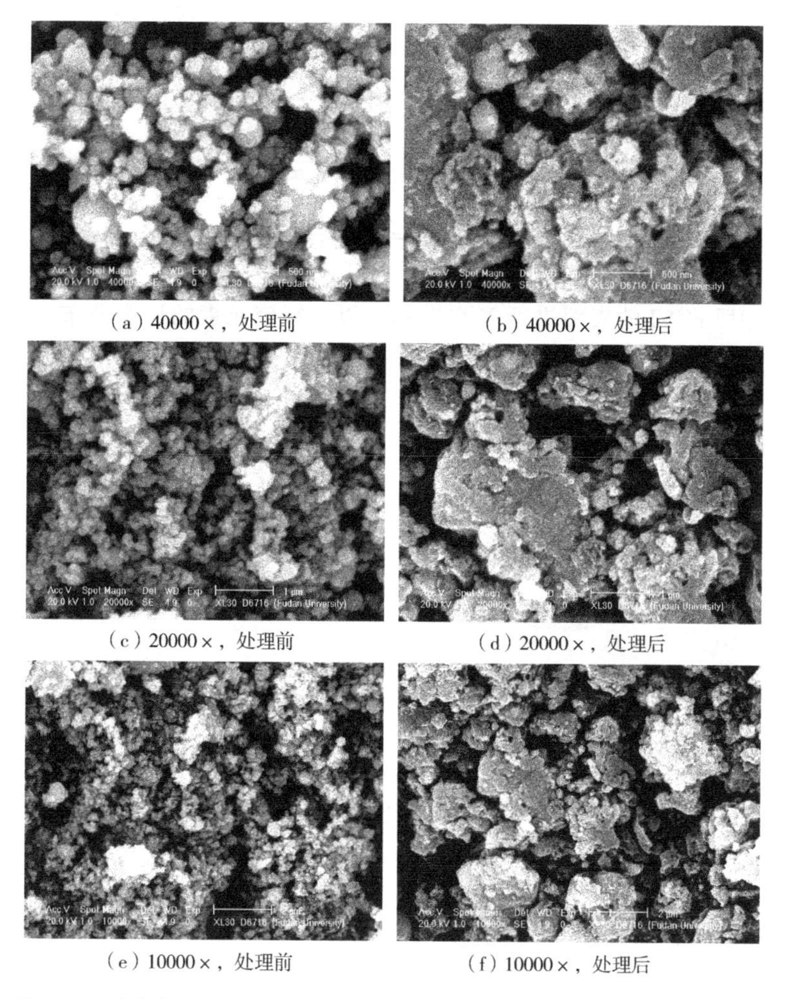

（a）40000×，处理前　（b）40000×，处理后

（c）20000×，处理前　（d）20000×，处理后

（e）10000×，处理前　（f）10000×，处理后

图 4-18　未经处理 nZVI 以及 nZVI 在 SRB 培养液厌氧 30d 后的 SEM 图谱

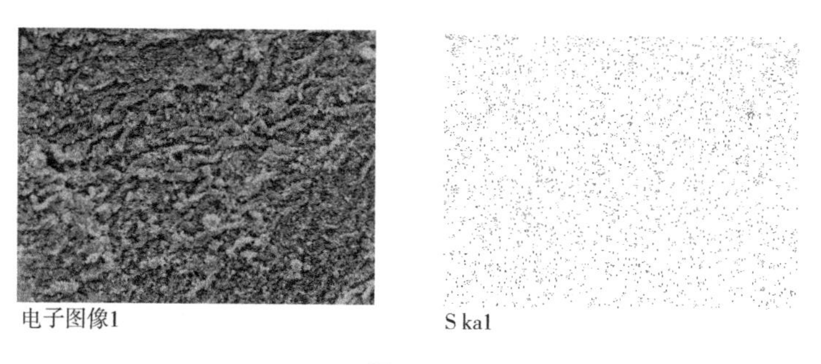

图 4-19

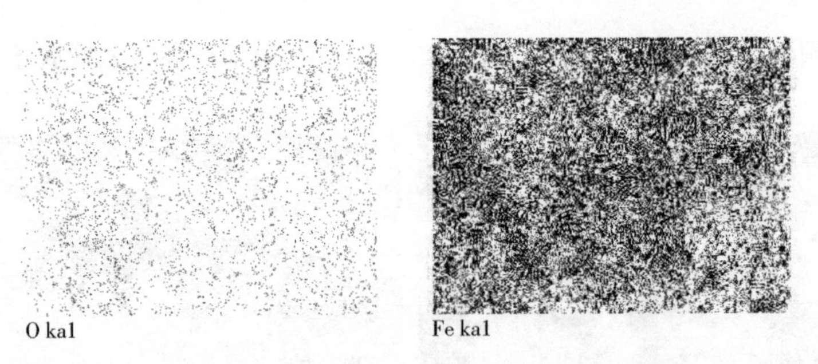

图 4-19 污泥混合菌群培养 30d 后 nZVI 表面 SEM-EDS 的元素图谱

对处理后 nZVI 的表面进行 XPS 分析，以表征硫元素的形态分布，如图 4-20 所示。其中硫元素的结合能包括：FeS——160.7/162.0eV；FeS_2——161.8/163.0 eV；S^0——164.3 eV；SO_4^{2-}——167.4 /168.6eV。硫元素结合能参考 Thermo Fisher Scientific XPS 数据库和美国国家标准与技术研究院（National Institute of Standards and Technology）XPS 数据库。

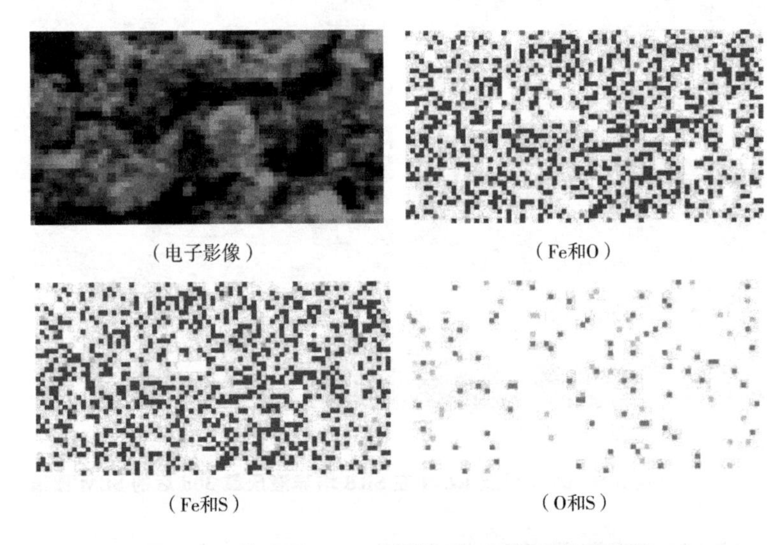

图 4-20 处理后 nZVI 表面的 Fe、S 和 O 位置关系

由图 4-21 所示，处理后 nZVI 的表面上主要有 FeS、FeS_2、ES 和 SO_4^{2-}。其中 SO_4^{2-} 是液体培养基中尚未被 SRB 代谢而在冷冻干燥过程中残存于 nZVI 表面的。培养液条件下，nZVI-S（Ⅱ）的反应产物与 nZVI 在生物污泥中产物种类相同，均为 FeS、FeS_2 和 S^0。但是，根据 XPS 分峰面积计算，在 RIS 中以 FeS-S 形式存在的占 33%，FeS_2-S 形式存在的占 28%，而以 S^0 存在的则占 39%。这与 nZVI 作用下污泥体系中硫的形态有显著差异，具体为 FeS-S 的显著降低以及 FeS_2-

S和S^0-S含量的提升。该现象的部分原因在于环境条件的不同，在培养液中富含硫酸根和SRB而导致硫化物大量产生，进而很容易地通过水介质积聚于nZVI，最后促进FeS-S向FeS_2-S转变。而S^0-S的产生不仅来自nZVI表面形成的FeOOH对S（Ⅱ）的氧化，也有可能来自样品预处理和分析检测过程的空气氧化。

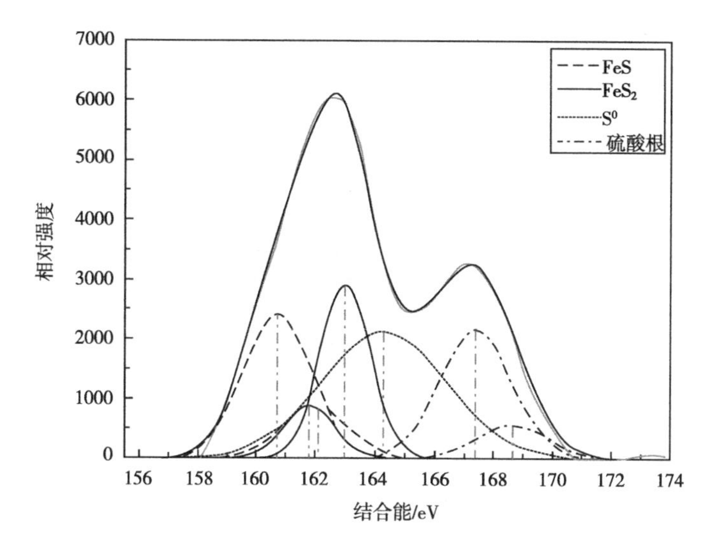

图4-21 处理后nZVI表面XPS分析图（硫元素）

上述分析显示污泥体系中nZVI对硫形态变化的影响与培养基环境中nZVI-S（Ⅱ）反应的产物显著不同。这暗示通过nZVI直接与S（Ⅱ）（比如饱和硫化氢溶液）反应，或者是nZVI与SRB培养环境的代谢产物的反应，均可能无法准确表征nZVI在生物污泥中的反应产物。

4.6 纳米零价铁在厌氧消化中的角色分析

以下就nZVI在污泥厌氧消化过程中的潜在角色进行概括总结，如图4-22所示。根据上述研究，nZVI在污泥发酵过程中的多重角色与nZVI的核-壳结构密切相关：a. nZVI的加入降低污泥体系的ORP，提高pH值；b. nZVI促进污泥中固相有机碳向液相溶解性有机碳转移；c. nZVI与水反应生成H_2，可提升生物气品质并提高甲烷产量；d. nZVI与水相作用形成了核-壳结构，即在nZVI颗粒的表面形成一层Fe（Ⅱ）/Fe（Ⅲ）氧化物；e. 该Fe（Ⅱ）/Fe（Ⅲ）氧化层可与硫酸盐还原菌代谢作用过程中产生的S^{2-}发生反应，固定硫，生成硫化亚铁（绝大部分）、硫铁矿和单质硫，从而显著降低生物气中的 H_2S 含量；f. 该 Fe（Ⅱ）/Fe（Ⅲ）氧化层可与磷酸根发生反应，生成 $Fe_3(PO_4)_2$ 固定磷。其中污泥厌氧消化过程中生物气中硫化物的去除以及生物气中甲烷含量的提升有利于能量的回收利用和恶臭控制。但是，溶解性或者弱结合态 P 在 nZVI 颗粒的表面固定成磷酸亚铁则降低了污泥体系的生物可利用-P 的含量，而这可能损害污泥的厌氧消化过程和稳定化进程，这与 nZVI 的添加剂量有很大关系。

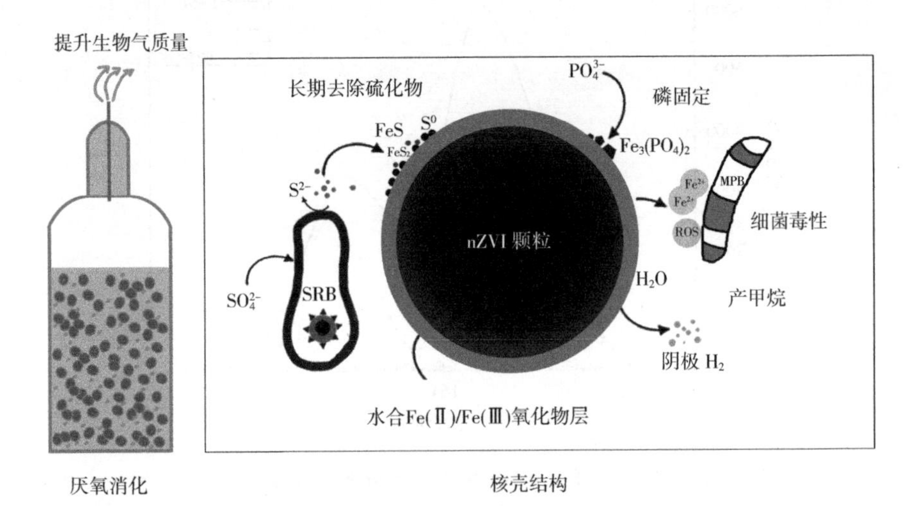

图 4-22　nZVI 在污泥厌氧消化过程中的潜在角色

参考文献

[1] Diaz I, Lopes A C, Perez S I, et al. Performance evaluation of oxygen, air and nitrate for the microaerobic removal of hydrogen sulphide in biogas from sludge digestion [J]. Bioresource Technology, 2010, 101 (20): 7724-7730.

[2] Maestre J P, Rovira R, Alvarez-Hornos F J, et al. Bacterial community analysis of a gas-phase biotrickling filter for biogas mimics desulfurization through the rRNA approach [J]. Chemosphere, 2010, 80 (8): 872-880.

[3] Deublein D, Steinhauser A. Biogas from waste and renewable resources: An introduction [M]. Weinheim: Wiley-VCH, 2008.

[4] Firer D, Friedler E, Lahav O. Control of sulfide in sewer systems by dosage of iron salts: Comparison between theoretical and experimental results, and practical implications [J]. Science of the Total Environment, 2008, 392 (1): 145-156.

[5] Lens P N L, Visser A, Janssen A J H, et al. Biotechnological treatment of sulfate-rich wastewaters [J] . Critical Reviews in Environmental Science and Technology, 1998, 28 (1): 41-88.

[6] Madigan M T. Brock biology of microorganisms [M] . San Francisco: Benjamin Cummings, 2012.

[7] Dewil R, Baeyens J, Roels J, et al. Distribution of sulphur compounds in sewage sludge treatment [J] . Environmental Engineering Science, 2008, 25 (6): 879-886.

[8] Diaz I, Perez S I, Ferrero E M, et al. Effect of oxygen dosing point and mixing on the microaerobic removal of hydrogen sulphide in sludge digesters [J] . Bioresource Technology, 2011, 102 (4): 3768-3775.

[9] van der Zee F P, Villaverde S, Garcia P A, et al. Sulfide removal by moderate oxygenation of anaerobic sludge environments [J] . Bioresource Technology, 2007, 98 (3): 518-524.

[10] Li X Q, Zhang W X. Iron nanoparticles: The core-shell structure and unique properties for Ni (Ⅱ) sequestration [J] . Langmuir, 2006, 22 (10): 4638-4642.

[11] Miehr R, Tratnyek P G, Bandstra J Z, et al. Diversity of contaminant reduction reactions by zerovalent iron: Role of the reductate [J] . Environmental Science & Technology, 2004, 38 (1): 139-147.

[12] Noubactep C. Aqueous contaminant removal by metallic iron: Is the paradigm shifting? [J] . Water SA, 2011, 37 (3): 419-425.

[13] Lee C, Keenan C R, Sedlak D L. Polyoxometalate-enhanced oxidation of organic compounds by nanoparticulate zero-valent iron and ferrous ion in the presence of oxygen [J]. Environmental Science & Technology, 2008, 42 (13): 4921-4926.

[14] Geng B, Jin Z H, Li T L, et al. Preparation of chitosan-stabilized Fe^0 nanoparticles for removal of hexavalent chromium in water [J] . Science of the Total Environment, 2009, 407 (18): 4994-5000.

[15] Greenlee L F, Torrey J D, Amaro R L, et al. Kinetics of zero valent iron nanoparticle oxidation in oxygenated water [J] . Environmental Science & Technology, 2012, 46 (23): 12913-12920.

[16] Martin J E, Herzing A A, Yan W L, et al. Determination of the oxide layer thickness in core-shell zerovalent iron nanoparticles [J] . Langmuir, 2008, 24 (8): 4329-4334.

[17] Yan W L, Herzing A A, Kiely C J, et al. Nanoscale zero-valent iron (nZVI): Aspects of the core-shell structure and reactions with inorganic species in water [J] . Journal of Contaminant Hydrology, 2010, 118 (3-4): 96-104.

[18] Signorini L, Pasquini L, Savini L, et al. Size-dependent oxidation in iron/iron oxide core-shell nanoparticles [J] . Physical Review B, 2003, 68 (19): 195423.

[19] Wang C M, Baer D R, Amonette J E, et al. Morphology and electronic structure of the oxide shell on the surface of iron nanoparticles [J]. Journal of the American Chemical Society, 2009, 131 (25): 8824-8832.

[20] Baer D R, Gaspar D J, Nachimuthu P, et al. Application of surface chemical analysis tools for characterization of nanoparticles [J]. Analytical and Bioanalytical Chemistry, 2010, 396 (3): 983-1002.

[21] Reardon E J. Anaerobic corrosion of granular iron—measurement and interpretation of hydrogen evolution rates [J]. Environmental Science & Technology, 1995, 29 (12): 2936-2945.

[22] Smith J A, Carliell-Marquet C M. A novel laboratory method to determine the biogas potential of iron-dosed activated sludge [J]. Bioresource Technology, 2009, 100 (5): 1767-1774.

[23] Karri S, Sierra-Alvarez R, Field J A. Zero valent iron as an electron-donor for methanogenesis and sulfate reduction in anaerobic sludge [J]. Biotechnology and Bioengineering, 2005, 92 (7): 810-819.

[24] Yang Y. Impact of metallic nanoparticles on anaerobic digestion [D]. Missouri: University of Missouri, 2012.

[25] Gulnaz O, Kaya A, Dincer S. The reuse of dried activated sludge for adsorption of reactive dye [J]. Journal of Hazardous Materials, 2006, 134 (1-3): 190-196.

[26] Laurent J, Casellas M, Carrere H, et al. Effects of thermal hydrolysis on activated sludge solubilization, surface properties and heavy metals biosorption [J]. Chemical Engineering Journal, 2011, 166 (3): 841-849.

[27] Pei H Y, Hu W R, Liu Q H. Effect of protease and cellulase on the characteristic of activated sludge [J]. Journal of Hazardous Materials, 2010, 178 (1-3): 397-403.

[28] Zhen G Y, Lu X Q, Wang B Y, et al. Synergetic pretreatment of waste activated sludge by Fe (Ⅱ) -activated persulfate oxidation under mild temperature for enhanced dewaterability [J]. Bioresource Technology, 2012, 124: 29-36.

[29] 刘阳，张捍民，杨凤林．活性污泥中微生物胞外聚合物（EPS）影响膜污染机理研究 [J]．高校化学工程学报，2008，22 (2)：332-338.

[30] Carliell-Marquet C. The effect of phosphorus enrichment on fractionation of metal and phosphorus in anaerobically digested sludge [D]. Loughbourgh: University of Loughbourgh, 2000.

[31] Dentel S K, Gossett J M. Effect of chemical coagulation on anaerobic digestibility of organic materials [J]. Water Research, 1982, 16 (5): 707-718.

[32] Sano A, Kanomata M, Inoue H, et al. Extraction of raw sewage sludge containing iron phosphate for phosphorus recovery [J]. Chemosphere, 2012, 89 (10): 1243-1247.

[33] Zhang L, De Gusseme B, Cai L, et al. Addition of an aerated iron-rich waste-activa-

ted sludge to control the soluble sulphide concentration in sewage [J]. Water and Environment Journal, 2011, 25 (1): 106-115.

[34] Ferdelman T G. The distribution of sulfur, iron, and manganese, copper, and uranium in a salt marsh sediment core as determined by a sequential extraction method [D]. Delaware: University of Delaware, 1988.

[35] Rickard D, Morse J W. Acid volatile sulfide (AVS) [J]. Marine Chemistry, 2005, 97 (3-4): 141-197.

[36] Wieckowska J. Catalytic and adsorptive desulfurization of gases [J]. Catalysis Today, 1995, 24 (4): 405-465.

[37] Cantrell K J, Yabusaki S B, Engelhard M H, et al. Oxidation of H_2S by iron oxides in unsaturated conditions [J]. Environmental Science & Technology, 2003, 37 (10): 2192-2199.

[38] 舒中亚，汪杰，黄艺. 零价铁纳米颗粒对硫酸盐还原菌的杀灭作用研究 [J]. 环境科学，2011，32 (10)：3040-3044.

第 5 章

水合氧化铁用于剩余活性污泥厌氧消化的原位固硫技术

水铁矿（ferrihydrite）是天然存在的材料，可以通过 Fe（Ⅲ）溶液快速水解合成，有时也被称为无定形氢氧化铁或水合氧化铁。它被认为是八大主要铁氧化物/氢氧化合物之一。尽管如此，水铁矿的结构仍然是一个有争议的问题。由于其结晶度较差，X 射线衍射显示了一个非常宽的 2 线或者 6 线图案，这使得难以取得水铁矿准确的结构信息。这些 2 线或者 6 线图案的结构在化学式上是完全等价的，并可以归一到 $FeOOH \cdot 0.4H_2O$。水铁矿的平均颗粒非常小（约 30 Å，1Å=0.1nm），因此在确定该纳米尺度材料的结构时，必须给予颗粒表面与颗粒内部同样的关注，因为其表面构成在总体积占据相当比例。通过假设水铁矿的颗粒是球形的，并且表面层的厚度是 2 Å 左右（相当于 Fe^{3+}—O 键的距离），那么该表面区域就占总体积的 30%以上。同时粒子形状的任何偏离球形均会导致表面部分（surface fraction）的增加。另外，当暴露在环境中，受温度、湿度、化学吸附和其他因素等的影响，颗粒表面的化学计量数将会发生变化。由于它的反应性和大比表面积（$>200m^2/g$），水铁矿在水环境中被认为是一种优良的吸附剂，也在一些已经研究的反应中充当催化剂。

U. Schwertmann 和 R. M. Cornell 在经典著作中 *Iron Oxides in the Laboratory Preparation and Characterization* 对二线水合氧化铁和六线水合氧化铁的 XRD 和 FT-IR 图谱进行比较，如图 5-1 所示。六线水合氧化铁相对于二线水合氧化铁表现出更强的晶体性。由于铁氧化物的晶体结构越规则，则其溶解性越低，而且其反应性（活性）也越低，因此传统理论认为低晶体强度的铁氧化物对其反应活性有利。基于此，本章尝试利用二线水合氧化铁用于 WAS 厌氧消化的原位固硫。由于已有研究发现，不同的二线水合氧化铁制备方法可能对其性质产生明显影响，因此本章所用水合氧化铁制备方法详细叙述如下：将 40g 的 Fe

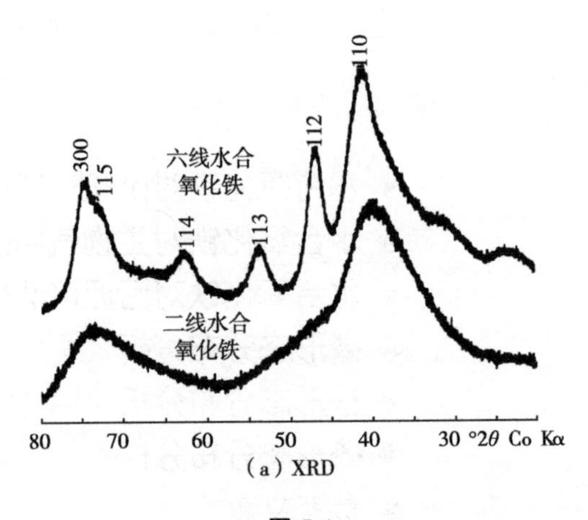

(a) XRD

图 5-1

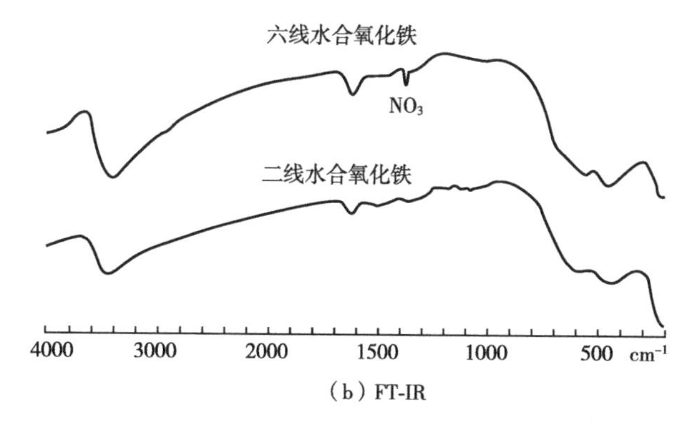

(b) FT-IR

图 5-1 U. Schwertmann 和 R. M. Cornell 对二线水合氧化铁（2-line ferrihydrite）和六线水合氧化铁（6-line ferrihydrite）的 XRD 和 FT-IR 图谱分析

$(NO_3)_3 \cdot 9H_2O$ 溶解于 500 mL 的蒸馏水，并添加 330mL 的 1mol/L KOH 调节 pH 值至 7～8，最后 20mL 逐滴添加，并连续确认 pH 值。之后，剧烈搅拌，离心和渗析，冷冻干燥并以固体的形式保存。制备出的二线水合氧化铁的 XRD 图谱如图 5-2 所示，其中出现的杂峰部分源于未去除干净的电解质。本章将二线水合氧化铁简称为水合氧化铁（HFO）。

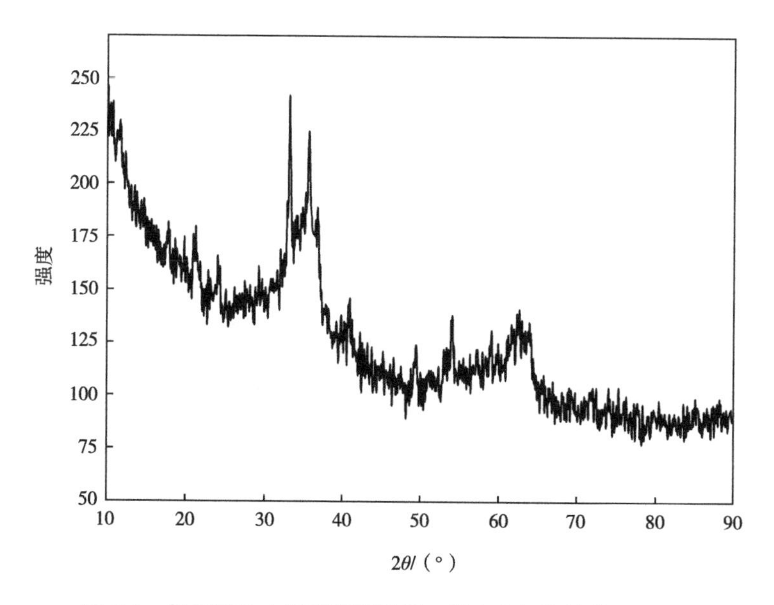

图 5-2 基于铁盐水解制备弱晶质二线水合氧化铁的 XRD 图

5.1 水合氧化铁对 pH 值和 ORP 的影响

由图 5-3 可以看出，水合氧化铁的加入提高了污泥体系 pH 值。经过 20 d 厌氧消化后，添加 0.05%、0.10%和 0.25% 水合氧化铁后污泥的 pH 值分别从 7.84 上升到 8.02、8.11 和 8.27，即不同剂量水合氧化铁的加入使污泥的 pH 值提高 0.18～0.43。从水合氧化铁存在下污泥 pH 值的变化差值上看，水合氧化铁的添加提高污泥 pH 值的部分原因在于，溶解过程中释放出 OH^-。当环境的 pH 值为 6.5～8.5 时，污泥中主要硫类型为 H_2S（aq）和 HS^-，而 S^{2-} 是可以忽略不计的。污泥体系中 pH 值的提高可以在一定程度上减少硫离子释放到生物气中。总体而言，水合氧化铁的加入对污泥厌氧消化的 pH 值影响有限。

水合氧化铁添加到污泥体系中，降低了污泥体系中的 ORP。如图 5-4 所示，在加入水合氧化铁第 2d 后，0%（空白）、0.05%、0.10%和 0.25%水合氧化铁污泥体系的 ORP 分别为－（86.5±10.5）mV、－（102.5±0.5）mV、－（141±6）mV、－（180±17）mV，即水合氧化铁的加入迅速降低污泥体系的 ORP。在此之后的 14d，污泥的 ORP 水平保持稳定，随后污泥体系中的 ORP 进一步下降。经过 20 d 厌氧消化后，污泥体系中 ORP 分别为－136.5mV、－149.5mV、－159.0mV和－190.5mV。添加水合氧化铁后污泥体系 ORP 的变化与厌氧环境的形成和 pH 值的变化有关。

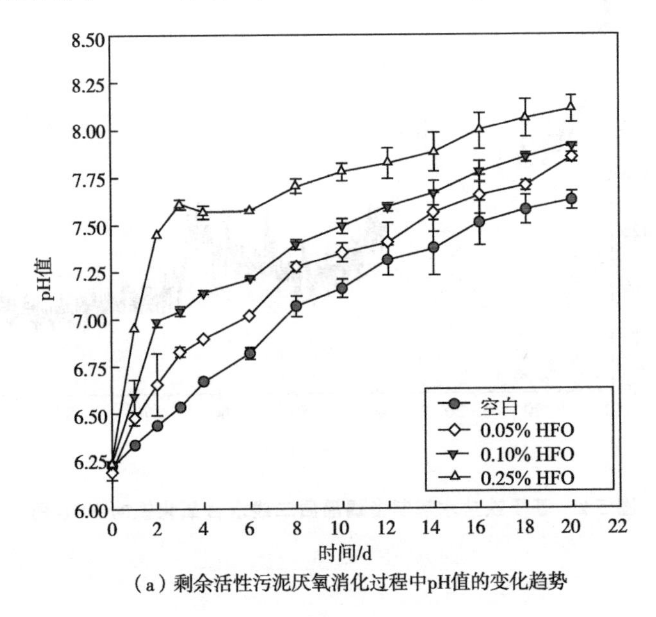

（a）剩余活性污泥厌氧消化过程中pH值的变化趋势

图 5-3

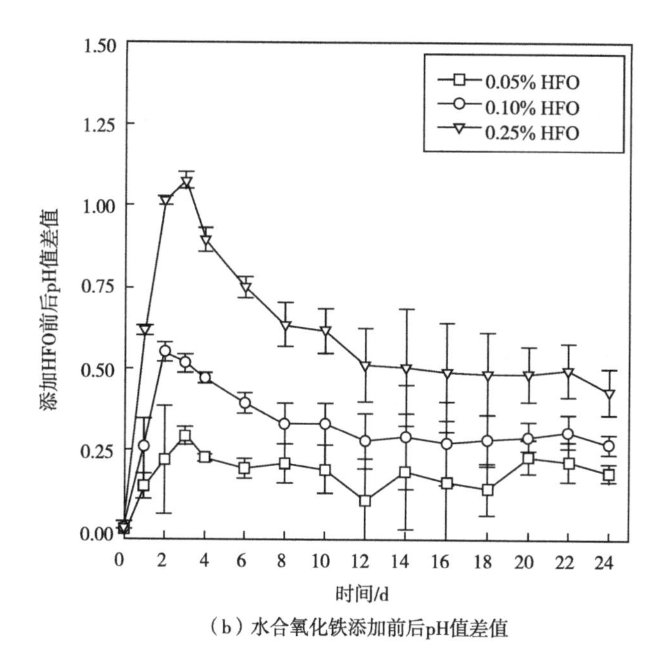

（b）水合氧化铁添加前后pH值差值

图 5-3 剩余活性污泥厌氧消化过程中 pH 值的变化趋势和水合氧化铁添加前后 pH 值差值

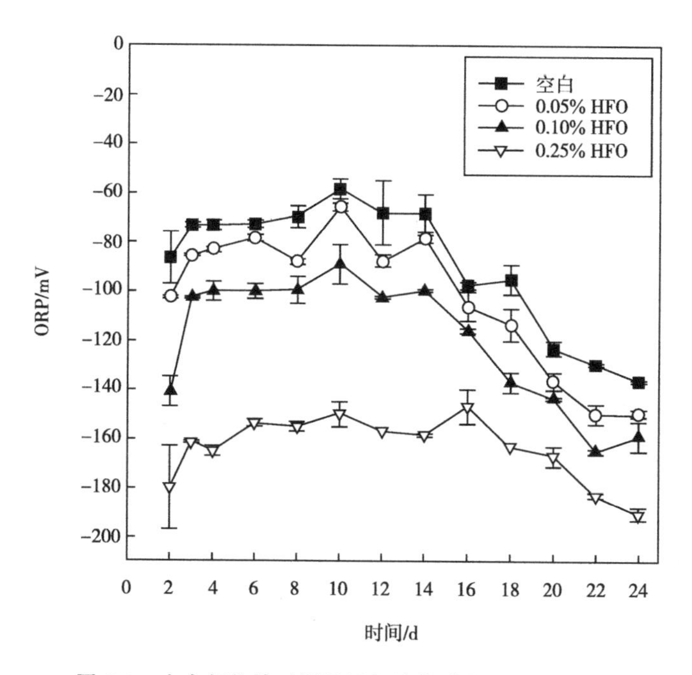

图 5-4 水合氧化铁对污泥厌氧消化过程 ORP 的影响

5.2 水合氧化铁对生物气中硫化氢浓度的影响

在一般硫酸盐环境和富硫酸根环境（通过外加 1000mg/L 硫酸钠模拟），水合氧化铁对污泥厌氧消化过程中硫化氢释放量的影响，分别如图 5-5 和图 5-6所示。在一般硫酸盐环境下，未添加水合氧化铁时，污泥的 H_2S 浓度从 412mg/m^3 随时间下降至 60.9mg/m^3 ［图 5-5（a）］。水合氧化铁的加入使污泥厌氧消化过程中 H_2S 的浓度显著降低。在 20d 内，添加 0.05%、0.10%和 0.25%的水合氧化铁使生物气中的平均 H_2S 浓度从 219.9mg/m^3，分别下降到 74.61mg/m^3、12.84mg/m^3 和 1.06mg/m^3，去除率分别达到 66.1%（53.3%～88.1%）、94.2%（87.3%～98.2%）和 99.5%（99.0%～99.8%）。在富硫酸盐环境中，污泥厌氧消化中生物气的 H_2S 浓度显著增加。在富硫酸盐环境中，水合氧化铁同样亦可高效削减污泥厌氧消化过程中 H_2S 浓度。在 20d 内，添加 0.05%、0.10%和 0.25%的水合氧化铁，使生物气中 H_2S 的平均浓度从 3263mg/m^3，分别下降到 1537mg/m^3、229mg/m^3 和 3.3mg/m^3，去除率分别达到 52.9%（22.1%～83.8%）、93.0%（86.2%～98.3%）和 99.9%（99.7%～100%）。

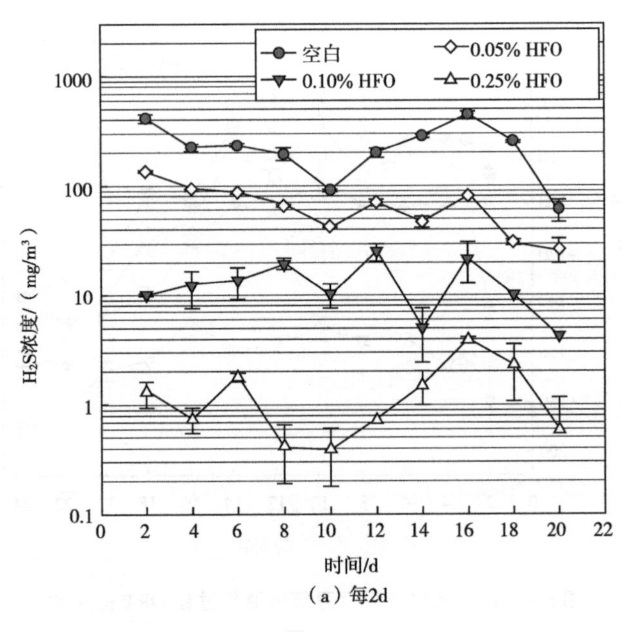

（a）每2d

图 5-5

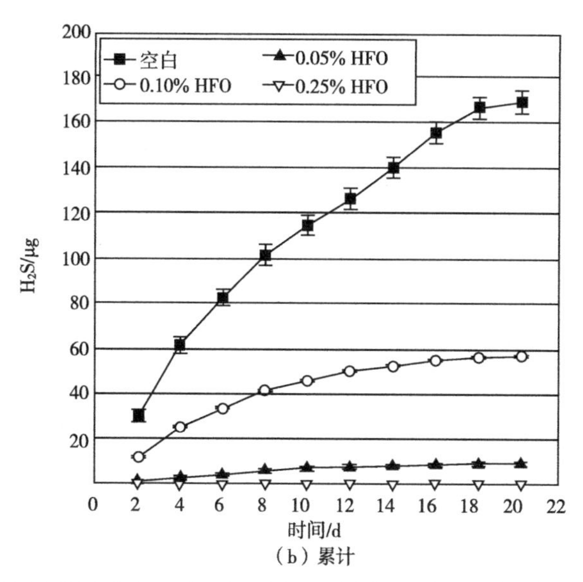

（b）累计

图 5-5　水合氧化铁对污泥厌氧消化过程硫化氢释放的影响（一般硫酸盐强度下）

在 0.05%、0.10%和 0.25%的水合氧化铁作用下，生物气中的平均硫化氢浓度从 207.5（或者富硫酸盐环境 3079）mg/m^3，分别下降到 71.2（1467）mg/m^3、12.2（217.6）mg/m^3 和 1.0（3.2）mg/m^3。由此可见，对于不同基质硫酸盐强度下，需要添加 0.05～0.10 水合氧化铁才能满足生物气发电的硫化氢限值，而添加 0.25% 水合氧化铁才能进一步使生物气满足车载能源的要求。

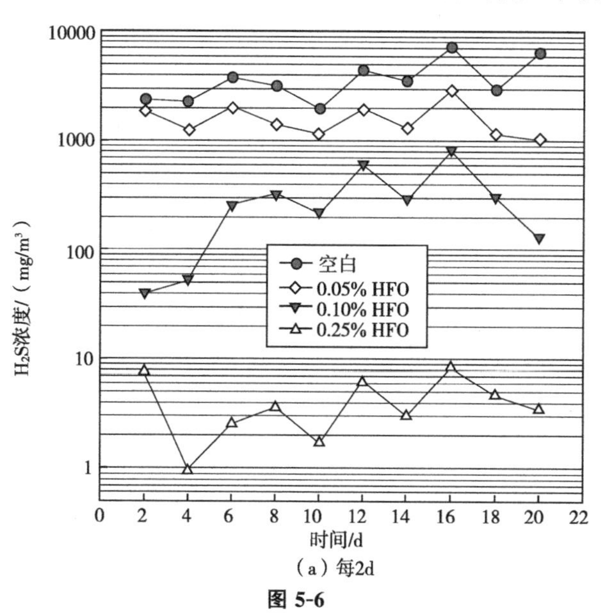

（a）每2d

图 5-6

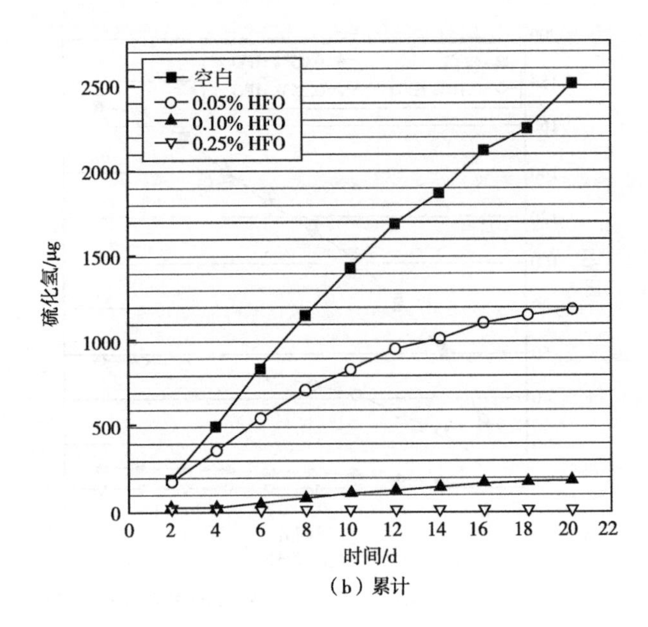

(b) 累计

图 5-6 水合氧化铁对污泥厌氧消化过程硫化氢释放的影响

(富硫酸盐环境，外加 1000mg/L 硫酸钠)

5.3 水合氧化铁对污泥可消化性的影响

5.3.1 生物气和甲烷

如图 5-7 所示，水合氧化铁的加入均不同程度上降低了污泥厌氧消化过程中生物气的产生量。未添加水合氧化铁，添加 0.05%、0.10%和 0.25%水合氧化铁在 20 d 内的生物气产生体积分别为 769.5mL、763.5mL、725mL 和 733mL，即添加 0.10%～0.25%水合氧化铁，污泥厌氧消化过程中生物气的体积分别降低了 5.0%～5.8%。同时，0.10%～0.25%的水合氧化铁的加入也会一定程度上降低污泥产甲烷体积。因此，如果从生物污泥向气相的能量和碳迁移上看，水合氧化铁（特别是较高剂量下）对污泥的稳定化过程可能产生阻碍作用。

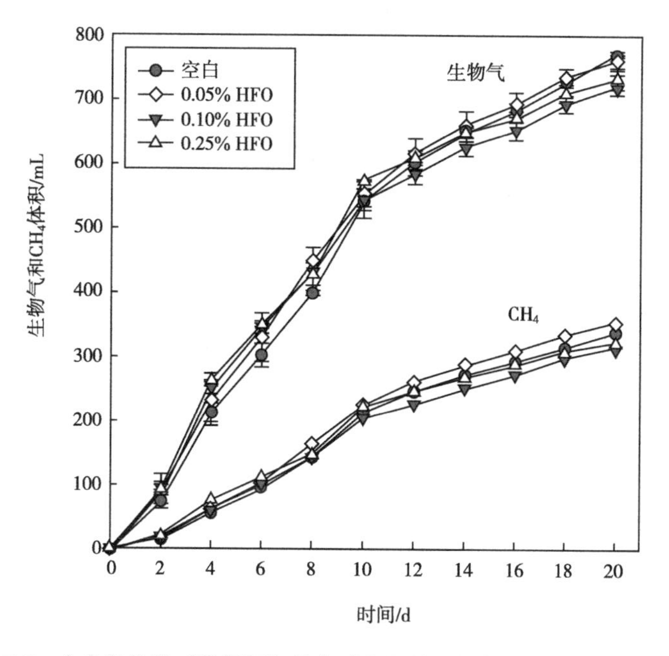

图 5-7 水合氧化铁对污泥厌氧消化过程累计生物气和甲烷体积的影响

5.3.2 FT-IR 分析

图 5-8 描述了不同水平水合氧化铁作用下污泥颗粒的 FT-IR 光谱图。根据 Gulnaz 等、Laurent 等、Pei 等和 Zhen 等的研究，在波数为 3419 cm^{-1}处较宽的强吸收谱带主要由酚羟基和醇羟基官能团的 O—H 伸缩振动（ν_1）引起；波数位于 2925cm^{-1}和 2854cm^{-1}的尖吸收谱峰分别为脂肪类物质（aliphatic structures）和脂质类（lipids）中 CH_2键的不对称性和对称性伸缩振动；谱图中波数为 1645cm^{-1}和 1539cm^{-1}的两处肩峰是酰胺Ⅰ带化合物（C ═O、C—N）和酰胺Ⅱ带化合物（N—H 肽键）的特征峰，为蛋白质的典型二级结构，显示污泥中厌氧消化后仍含蛋白质物质；1456cm^{-1}处的谱带为 CH_2的变形振动；1384cm^{-1}谱带处的吸收峰与羧基化合物（carboxylates）的 C ═O 伸缩振动、醇类（alcohols）和酚类物质（phenols）的 OH 变形振动有关；波数在 1043cm^{-1}的吸收谱带为多糖或多聚糖类物质（polysaccharides）的 C—O—C 和 C—O 振动特征峰。

FT-IR 光谱（图 5-8）分析表明，污泥中的脂肪类物质和脂质类的含量在水合氧化铁的作用下无显著变化。此外，发现在水合氧化铁存在条件下，污泥中的蛋白质物质、醇类和酚类物质，以及糖类物质的降解速率都有弱化的趋势。

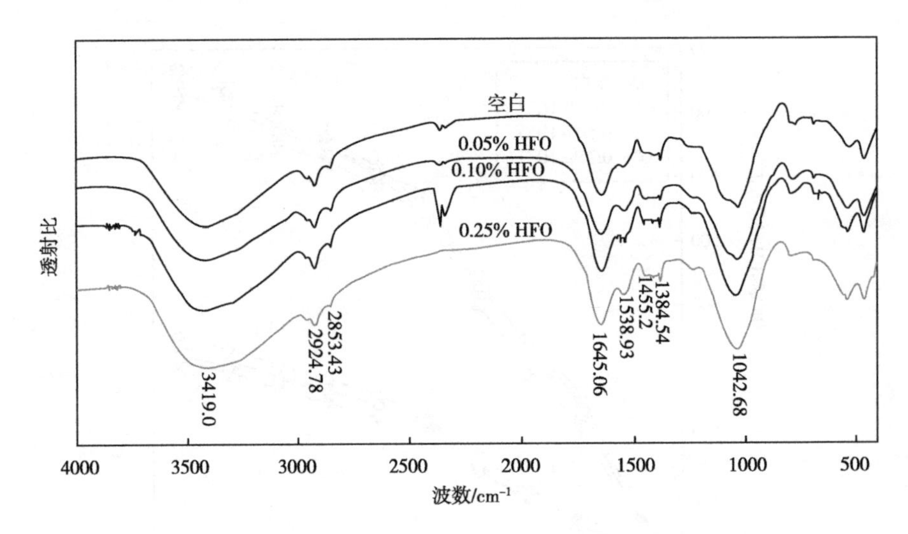

图 5-8　不同水合氧化铁投加量下污泥颗粒的 FT-IR 光谱图

整体上 FT-IR 的分析显示水合氧化铁的加入可能减缓污泥厌氧消化过程的蛋白质、醇类、多糖类等组分的降解。

5.3.3　挥发性物质分析

不同剂量水合氧化铁对 20d 厌氧消化后污泥的 VM 和 DOC 的影响，如图 5-9所示。添加 0.05%、0.10%和 0.25%（质量分数）水合氧化铁，污泥中的 VM 从 4.30%分别上升到 4.67%、4.47%和 4.71%。添加 0.05%、0.10%和 0.25% 水合氧化铁使得污泥中的 DOC 从（819.3±0.3）mg/L 分别上升到（1029±2）mg/L、（1023±79）mg/L 和（1159±33）mg/L。

进一步通过热重分析考虑结合水对 VM（g/L）分析造成的误差。如图 5-10 所示，利用 TG-DSC 对污泥进行表征，其中 100～175℃的质量损失认为是结合水。为了避免水合氧化铁的结合水对污泥有机质含量表征的影响，以下通过 TG 分析计算不同剂量水合氧化铁存在下污泥的 TVM。基于以下假设：a. 添加水合氧化铁污泥的结合水或者其他形式的结合水均在 100～175℃温度范围内得到完全去除，在此阶段中无任何有机物质被损耗；b. TG 分析中 175～550℃ 温度下产生的质量损失均为有机物质的热灼烧损失，并且有机物质在此阶段中完全去除。基于此假设，计算有机物质含量。

经计算得到基于上述假设的污泥 TVM 含量，如图 5-11 所示。经过 20d 厌氧消化后，0%（空白）、0.05%、0.10%和 0.25% 水合氧化铁作用下，污泥的

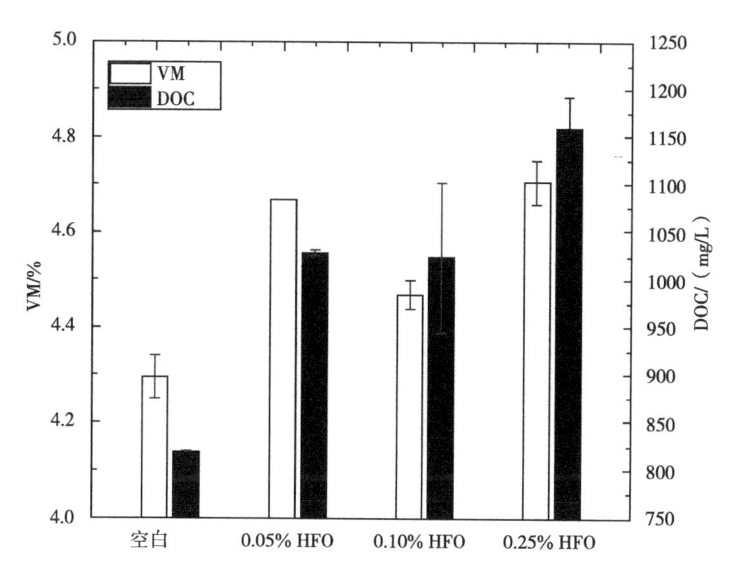

图 5-9 不同剂量水合氧化铁对 20d 厌氧消化后污泥的 VM 和 DOC 的影响

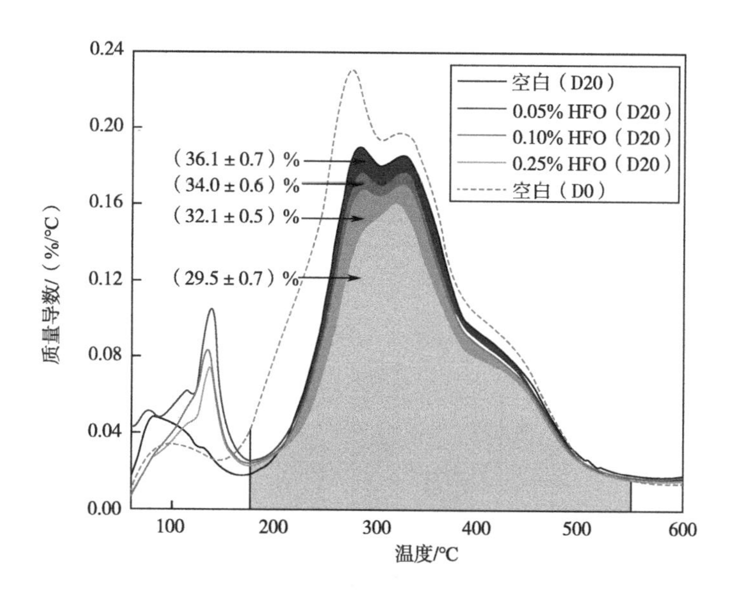

图 5-10 不同剂量水合氧化铁作用下污泥的 TG-DSC 分析图

其中阴影部分为基于假设条件的有机物

TVM（干基）分别为（36.1±0.7)%、（34.0±0.6)%、（32.1±0.5)%和(29.5±0.7)%［图 5-11（a）］。通过式（4-3）计算出不同剂量水合氧化铁作用下，污泥在 20 d 厌氧消化后的 TVM（g/L)。结果显示：0%（空白)、0.05%、

010%和0.25%的水合氧化铁作用下污泥TVM（g/L）分别为（2.38±0.05）g/L、（3.47±0.06）g/L、（3.39±0.05）g/L和（3.52±0.08）g/L［图5-11（c）］。该结果显示，水合氧化铁的存在减缓污泥中有机组分的降解，进而对污泥的稳定化进程产生不利影响，该结果与生物气产生等分析的结果一致。污泥降解速率的降低，可部分归因于污泥生物可利用-P被水合氧化铁固定。

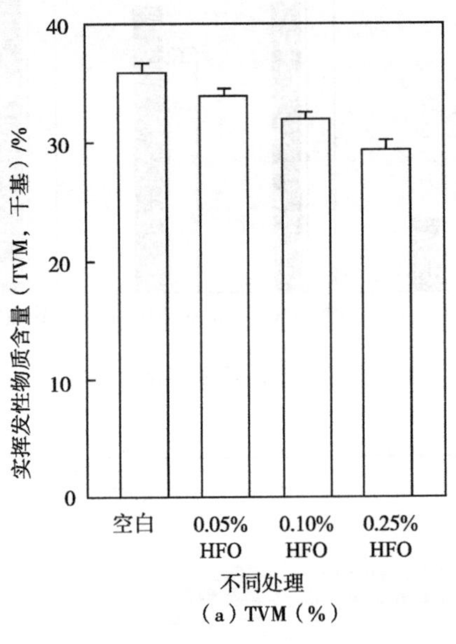

（a）TVM（%）

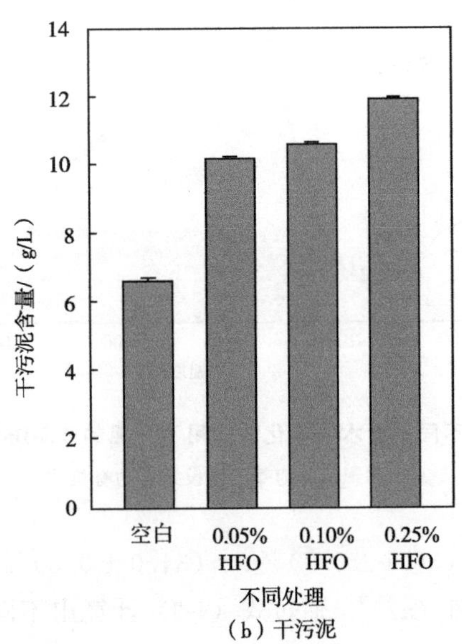

（b）干污泥

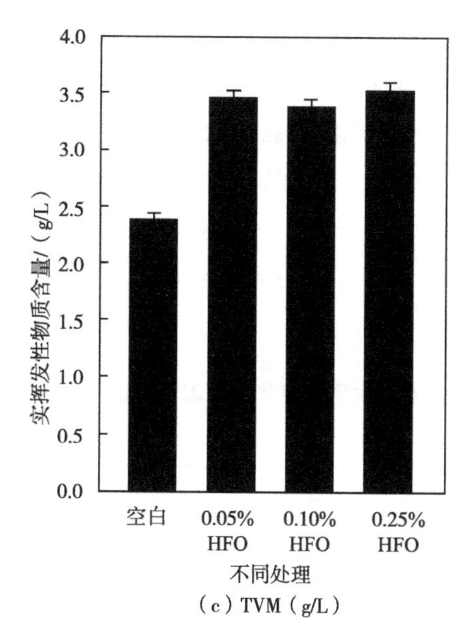

图 5-11 不同剂量水合氧化铁对污泥 TVM（%）和 TVM（g/L）的影响

5.4 磷形态分布分析

厌氧消化完成后，污泥中 P 的无机特性表征见表 5-1。基于提取剂的不同，进一步将生物污泥中磷的形态归纳为 H_2O-P、乙酸-P、NaOH-P 和残渣-P，各种形态 P 在污泥的相对比例演变如图 5-12 所示。不同剂量的水合氧化铁的加入降低了污泥中 H_2O-P 和乙酸-P 的比例，同时提高了 NaOH-P 的比例。其中生物可利用-P 被认为是可以通过水和乙酸提取的部分（即 H_2O-P+乙酸-P）。研究发现，污泥中生物可利用-P 的比例在 0.05%、0.10%和 0.25%水合氧化铁的作用下，从 70.1%显著降低（$P<0.001$）至 41.7%、20.5%和 6.9%。在所有可以被微生物利用的磷的形态中，H_2O-P 部分的浓度大幅度从 163.1mg/L（空白）降低至 83.4mg/L、23.9mg/L 和 0.73mg/L（图 5-13）。根据 ANOVA 分析，水合氧化铁添加污泥和空白组污泥样品中 H_2O-P 的浓度的变化是显著的（$P<0.001$）。最容易被微生物利用的溶解性 P，在 0.05%、0.10% 和 0.25%的水合氧化铁作用下，浓度大幅度从 131.6mg/L（空白）显著降低至 69.6mg/L、20.3mg/L 和 0.35mg/L。与此相对应的，添加 0.05%、0.10% 和 0.25%水合氧化铁后，NaOH 提取部分磷从 83.6mg/L 显著上升至 163.9mg/L、233.0mg/L

和287.7mg/L。NaOH提取磷被认为主要是磷酸铁和磷酸钙。因此该现象显示溶解性或者松散结合态的磷会被水合氧化铁固定，形成磷酸铁，进而大幅度降低污泥体系中可生物利用部分磷的含量。进一步的XRD分析清楚显示，未添加水合氧化铁的污泥中主要的晶体为二氧化硅，并未检测出磷酸铁，而污泥中蓝铁矿［vivianite，$Fe_3(PO_4)_2$］的强度随着水合氧化铁的添加剂量增大而不断增加，这表明$Fe_3(PO_4)_2$是污泥厌氧消化过程中水合氧化铁作用的产物（图5-14）。

表5-1　HFO添加对厌氧消化后污泥中磷的浓度和分布的影响

单位：mg/L

处理方式	空白	0.05% HFO	0.10% HFO	0.25% HFO	P形态解释③
溶解性	131.6±2.48	69.62±0.21	20.32±0.02	0.35±0.02	溶解性磷
超纯水①	31.50±0.71	14.76±0.04	3.58±0.11	0.38±0.01	轻微结合于污泥颗粒的磷
乙酸1	68.66±0.81	45.71±0.17	24.56±1.84	0.79±0.14	鸟粪石；无定形Ca-P沉淀物
乙酸2	15.34±0.01	5.62±0.23	18.12±0.46	21.21±0.26	溶解性活性磷（SRP）；有机磷
NaOH	83.55±2.74	163.9±2.02	233.0±5.20	287.7±1.86	磷酸钙；磷酸铁等
残渣	22.06±0.04	25.92±0.49	25.88±0.08	17.04±2.77	
生物可利用（BAP）②	247.1±2.70 [70.06%]	135.7±0.36 [41.70%]	66.58±1.90 [20.46%]	22.73±0.30 [6.94%]	
总浓度	352.75±3.85	325.48±2.11	325.49±5.54	327.47±3.45	

① 超纯水（18MΩ·cm）；

② 包括溶解-P、超纯水-P、乙酸1-P和乙酸2-P，被认为是可以被微生物利用；

③ 参考Carliell-Marquet。

水合氧化铁存在使得污泥中生物可利用-P含量降低，可能导致污泥厌氧消化过程中的溶解性磷缺乏，进而可能减缓污泥体系中的产甲烷进程。该现象可以解释水合氧化铁在一定程度上降低了污泥厌氧消化过程中生物气和甲烷的产生量。同时，污泥中磷的形态改变可能会影响水合氧化铁对硫化氢的削减效果，因为磷酸根会通过结合在水合氧化铁颗粒上，占据硫化氢与水合氧化铁的活性反应位点，从而抑制水合氧化铁-硫化物反应的进行，降低水合氧化铁对污泥厌氧消化过程硫化氢去除效率。

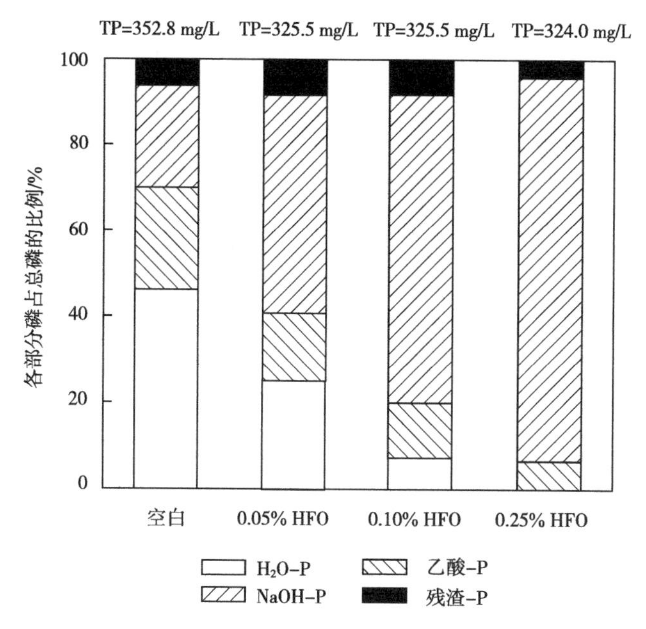

图 5-12 不同剂量水合氧化铁对厌氧消化后污泥磷形态比例的影响

采用 SEP 方法表征，其中顶部数据显示污泥的总磷含量

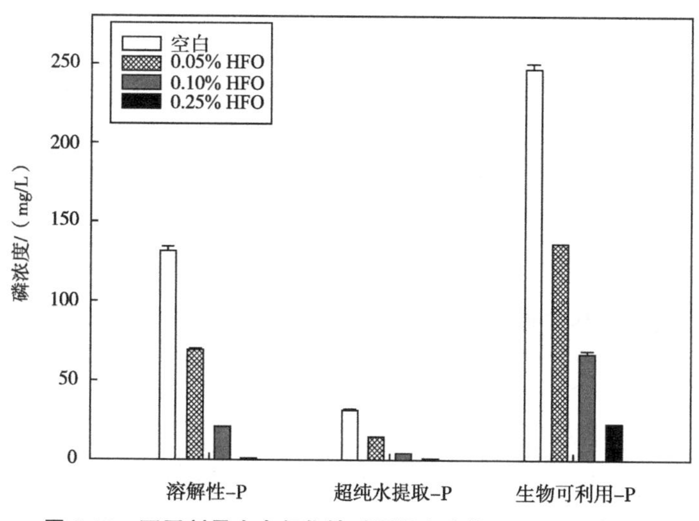

图 5-13 不同剂量水合氧化铁对污泥中生物可利用-P 的影响

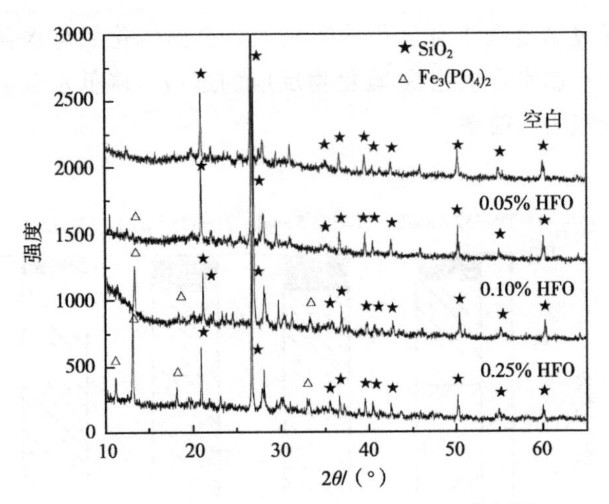

图 5-14 20d 厌氧消化后污泥的 XRD 分析图

5.5 铁形态分布分析

厌氧消化完成后，污泥中 Fe 的特性表征见表 5-2。生物污泥本身 Fe 含量达 186.7mg/L，其形态主要为有机态结合铁、羟基铁和磷酸铁等。抗坏血酸提取分析显示，污泥中含有的水合铁氧化物达到 98.9mg/L。该分析显示污泥体系中有较高含量的活性铁，可以在一定程度上与硫酸盐还原菌的代谢产物硫离子反应，进而降低污泥体系的硫化氢产生量。但是，由于生物污泥本身活性铁的活性效率不够高，以及含量相对较低，使得污泥厌氧消化过程中流向生物气的小部分硫化氢被削减。水合氧化铁的加入并没有显著提高污泥体系中可溶解态或者易吸附态的铁的含量，这主要是由于水合氧化铁本身难溶于水，只能通过还原溶解等方式生成铁离子或亚铁离子，而生成的铁离子或亚铁离子容易与硫离子反应生成如 FeS 等，或者与磷酸根反应生成磷酸铁。未添加水合氧化铁，以及添加 0.05%、0.10%和 0.25%水合氧化铁后可生物利用部分的铁（即溶解性＋UPW、KNO_3、KF 提取之和）分别为 9.38mg/L、10.93mg/L、9.88mg/L 和 10.62mg/L。加入水合氧化铁后，尽管经过 20d 的厌氧消化，污泥体系中的铁大部分还保持为水合铁氧化物的状态，也有相当一部分吸附于污泥。

表 5-2 HFO 添加对厌氧消化后污泥中铁浓度和分布的影响　　单位：mg/L

处理方式	空白	0.05% HFO	0.10% HFO	0.25% HFO	铁形态解释[②]
溶解性＋超纯水	0.01±0	0.02±0	0.05±0.01	0.03±0	溶解性 Fe

续表

处理方式	空白	0.05% HFO	0.10% HFO	0.25% HFO	铁形态解释②
KNO_3	0.43±0.04	0.38±0.03	0.47±0.10	0.44±0.06	静电吸引而结合的 Fe
KF	8.94±0.03	10.53±0.70	9.36±0.62	10.15±0.69	吸附于污泥的 Fe
$Na_4P_2O_7$	69.46±0.42	200.3±0.34	287.1±5.36	231.1±16.43	结合于有机物的 Fe
EDTA	30.67 ±0.29 [16.43%]	130.4 ±2.02 [29.72%]	309.4±9.30 [42.77%]	918.3±19.01 [66.45%]	铁氢氧化物; 羟基铁-磷酸盐
残渣	77.14±2.00	96.90±0.45	117.1±0.63	222.0±7.50	磷酸铁化合物
生物可利用部分①	9.38±0.05	10.93±0.70	9.88±0.63	10.62±0.69	
总浓度	186.7±2.06	438.5±10.57	723.53±10.77	1382±26.23	
Fe-ASC③	98.86±8.19	339.8±15.47	415.8±4.25	1036±29.79	

① 包括溶解性- Fe、超纯水- Fe、KNO_3- Fe 和 KF-Fe，被认为是可以被微生物利用；

② 参考 Carliell-Marquet；

③ 利用抗坏血酸提取，参考 Ferdelman，亦被称为水合铁氧化物。

对 20d 厌氧消化后污泥体系中铁形态的测定还发现，添加 0.05%、0.10% 和 0.25%水合氧化铁的污泥中分别含有 339.8mg/L、415.8mg/L 和 1035.5mg/L 的活性铁氧化物，该现象暗示经过处理后的污泥可以部分回用作为下一批污泥厌氧消化的硫化氢去除，以进一步削减所需成本。同时分析还发现，水合氧化铁的加入显著增加了磷酸铁的含量，即从 77.14mg/L 分别上升至 96.9mg/L、117.1mg/L 和 222.0mg/L（图 5-15）。TG-DTA 也同样表明，经处理后污泥中还含有大量的活性铁氧化物，可以进一步重复利用（图 5-16）。

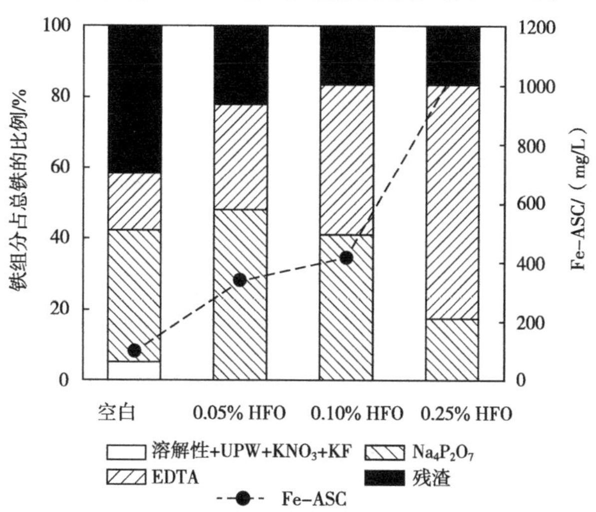

图 5-15 不同剂量水合氧化铁作用下污泥铁的形态分布

采用 SEP 方法表征，其中顶部数据显示污泥的总铁含量，Fe-ASC 可以视为活性水合铁

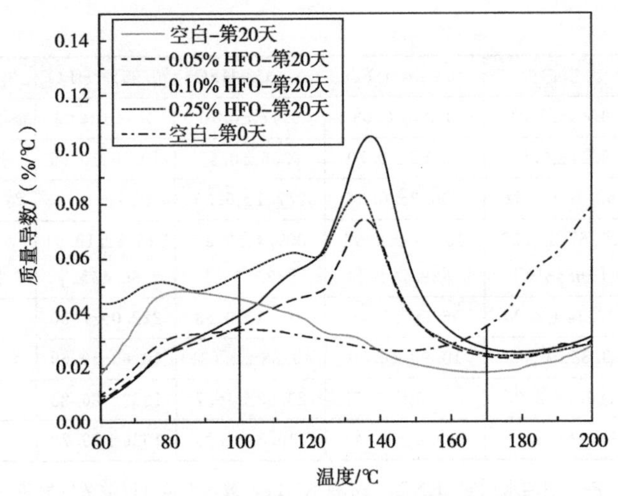

图 5-16　20d 厌氧消化后污泥的热重分析图

5.6　硫形态分布分析

图 5-17 和图 5-18 分别显示水合氧化铁存在条件下对污泥 RIS 和硫酸根含量的影响。水合氧化铁的加入对 AVS 并没有明显影响，但是显著提高了 CRS 和 ES 的含量。根据污泥的硫形态源分析，认为不同剂量水合氧化铁作用下增加了污泥中 FeS_2 和 S^0 的含量。添加 0.05%、0.10% 和 0.25% 的水合氧化铁，分别使 CRS 从 0.33mg/L 提高到 0.85mg/L、0.84mg/L 和 1.05mg/L，而 ES 从 0.13mg/L 提高到 0.20mg/L、0.27mg/L 和 0.46mg/L（图 5-17）。CRS 和 ES 浓度的增加，显示 FeS_2 和 S^0 是水合氧化铁和硫化物的氧化产物。因此，可以认为正是由于水合氧化铁与硫化物的作用生成了 FeS_2 和 S^0，从而有效降低了污泥的硫化氢释放速率。此外，添加水合氧化铁的污泥经过 20d 的厌氧消化后，其溶解性 SO_4^{2-} 分别从 79.6mg/L 升至 109.4mg/L、133.0mg/L 和 148.1mg/L，而弱结合 SO_4^{2-} 分别从 23.6mg/L 上升到 38.0mg/L、43.8mg/L 和 58.8mg/L（图 5-18）。从污泥中硫酸根浓度的分析发现，水合氧化铁的加入可能抑制硫酸盐还原菌的代谢活性（也即降低硫酸根的还原速率），或者通过氧化形成硫酸根的反应终产物，具体的机理还需要进一步研究。

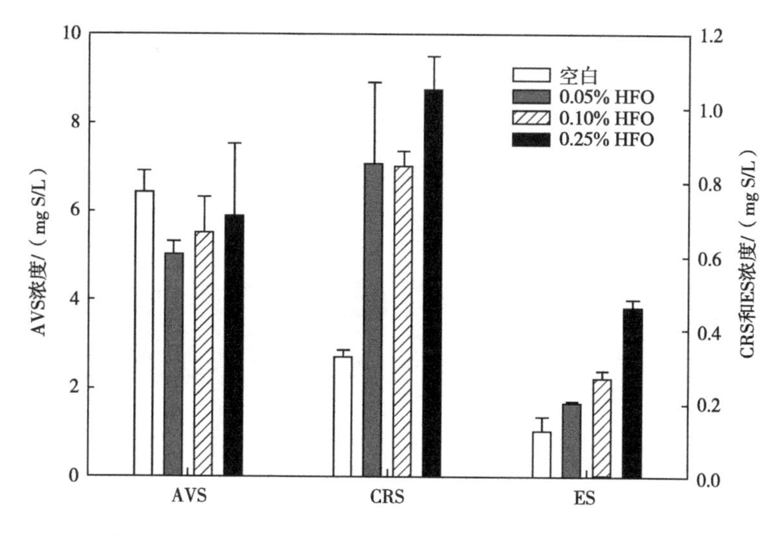

图 5-17　20d 厌氧消化后污泥的冷扩散法无机硫分析图

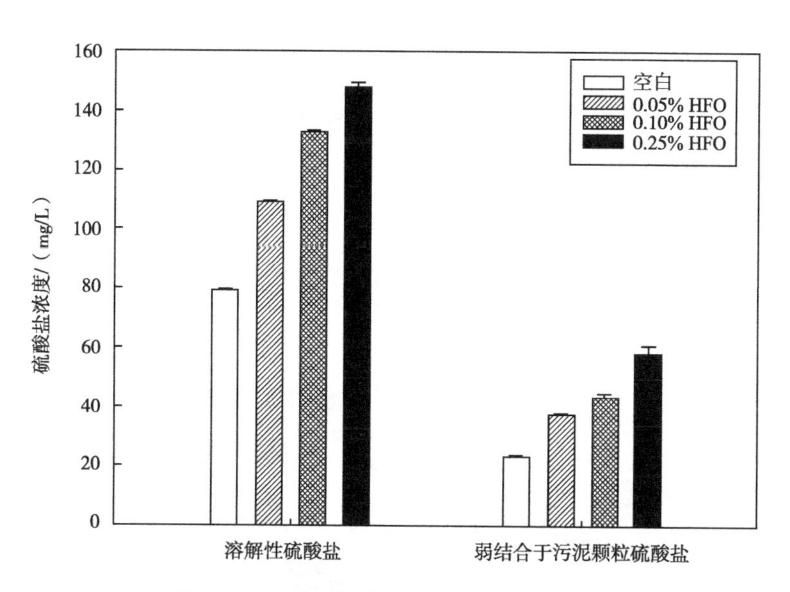

图 5-18　20d 厌氧消化后污泥的硫酸根含量

为研究污泥体系内水合氧化铁与硫化物的反应过程，进行了以下补充实验。即通过配制 SRB 的培养溶液，并接种生物污泥的混合菌群，在此基础上加入水合氧化铁，厌氧培养 30d 后，对水合氧化铁颗粒进行 SEM 和 SEM-EDS，以及 XPS 分析。其中 SRB 的培养液配制和表征流程与第 4.5.3 小节相同。

图 5-19 显示未经处理的水合氧化铁以及水合氧化铁在 SRB 培养体系厌氧

30d 后的 SEM 图谱。由图 5-19 可见，水合氧化铁在生物污泥的混合菌群培养液条件下，形态发生显著改变。原有的水合氧化铁聚集形成平板状，较为平滑。经过 30d 厌氧培养后，水合氧化铁的表面变得粗糙，其主要的原因在于水合氧化铁对微生物的代谢产物或溶液中离子等吸附作用或者是水合氧化铁与微生物代谢产物的反应累积于其表面上。

(a) 40000×，处理前　(b) 40000×，处理后

(c) 20000×，处理前　(d) 20000×，处理后

(e) 10000×，处理前　(f) 10000×，处理后

图 5-19　未经处理的水合氧化铁以及水合氧化铁在 SRB 培养体系厌氧 30d 后的 SEM 图谱

图 5-20 显示污泥混合菌群培养 30d 后水合氧化铁表面 SEM-EDS 的元素分布情况。其中所分析区块为水合氧化铁表面相对平整的区块。而图谱中所含有的硫元素，主要应该是 SRB 代谢终产物硫化物与水合氧化铁作用形成的。对处

理后水合氧化铁的表面进行XPS分析，以表征硫元素的形态分布。如图5-21所示，处理后水合氧化铁的表面上主要有FeS、FeS_2、ES和SO_4^{2-}。其中SO_4^{2-}是液体培养基中尚未被SRB代谢而残存的。培养基条件下，水合氧化铁-S（Ⅱ）的反应产物与水合氧化铁在生物污泥中产物种类不相同，前者为FeS、FeS_2和S^0，而后者没有发现FeS含量的增加。进一步根据XPS分峰面积的计算，在RIS中以FeS-S形式存在的占35.7%，FeS_2-S形式存在的占24.3%，而以S^0存在比例则占40.1%。而该现象与水合氧化铁作用下污泥体系中硫的形态有显著差异，包括最终反应产物有无FeS-S，以及S^0-S相对含量的提升。该现象的部分原因与环境条件不同有关。在培养基中富含硫酸根和SRB的硫化物大量产生，进而容易通过水介质积聚于水合氧化铁。虽然FeS-S可以向FeS_2-S转变，但是由于硫化物的产生量远大于生物污泥体系，因此有相当量的FeS-S的存在。而S^0-S的产生不仅来自水合氧化铁对S（Ⅱ）的氧化，也有可能来自样品预处理和分析检测过程的空气氧化。

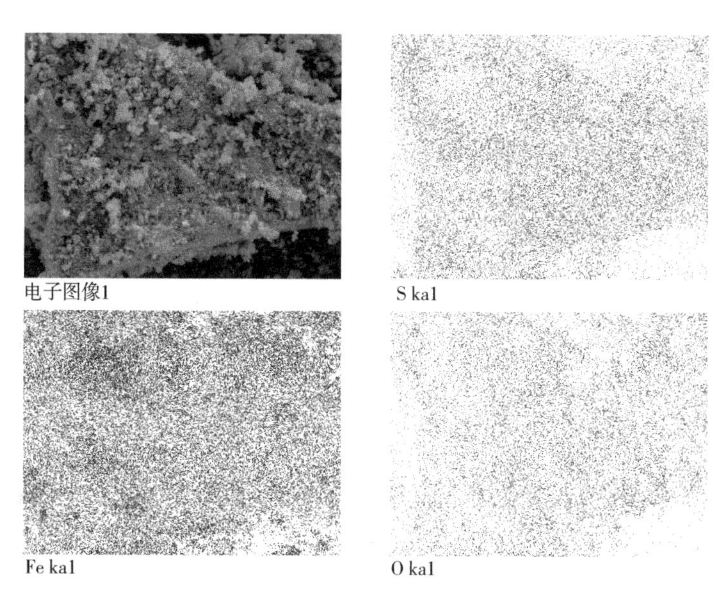

图5-20 污泥混合菌群培养30d后水合氧化铁表面SEM-EDS的元素图谱

上述分析显示污泥体系中水合氧化铁对硫形态变化的影响与培养基环境中水合氧化铁-S（Ⅱ）反应的产物显著不同。这暗示通过水合氧化铁直接与S（Ⅱ）反应，或者是水合氧化铁与SRB培养环境的代谢产物的反应，可能无法准确把握水合氧化铁在生物污泥中的反应产物。

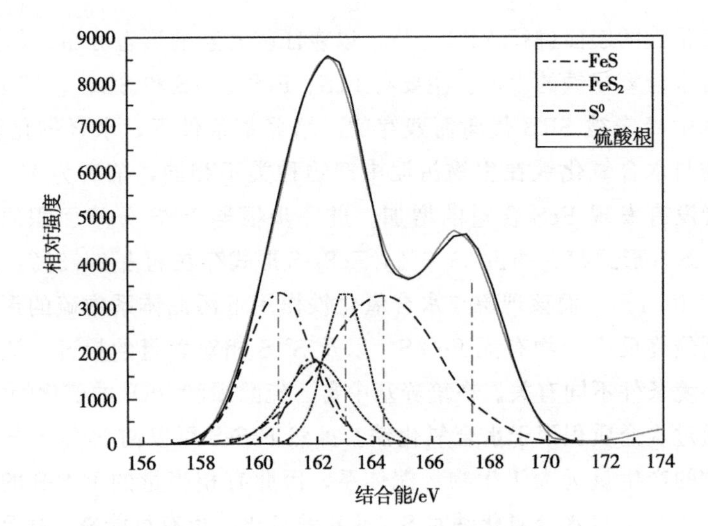

图 5-21　处理后水合氧化铁表面 XPS 分析图（S 元素）

参考文献

［1］ Schwertmann U，Cornell R M. Iron oxides in the laboratory：Preparation and characterization ［M］. Weinheim：WILEY-VCH，2000 .

［2］ Zhao J M，Huggins F E，Feng Z，et al. Ferrihydrite-surface-structure and its effects on phase-transformation ［J］. Clays and Clay Minerals，1994，42（6）：737-746.

［3］ Fuller C C，Davis J A，Waychunas G A. Surface chemistry of ferrihydrite：Part 2. Kinetics of arsenate adsorption and coprecipitation ［J］. Geochimica et Cosmochimica Acta，1993，57（10）：2271-2282.

［4］ Waychunas G A，Rea B A，Fuller C C，et al. Surface chemistry of ferrihydrite：Part 1. EXAFS studies of the geometry of coprecipitated and adsorbed arsenate ［J］. Geochimica et Cosmochimica Acta，1993，57（10）：2251-2269.

［5］ Liaw B J，Cheng D S，Yang B L. Oxidative dehydrogenation of 1-butene on iron oxyhydroxides and hydrated iron oxides ［J］. Journal of Catalysis，1989，118（2）：312-326.

［6］ Chen W，Westerhoff P，Leenheer J A，et al. Fluorescence excitation-emission matrix regional integration to quantify spectra for dissolved organic matter ［J］. Environmental Science & Technology，2003，37（24）：5701-5710.

［7］ Gulnaz O，Kaya A，Dincer S. The reuse of dried activated sludge for adsorption of reactive dye ［J］. Journal of Hazardous Materials，2006，134（1-3）：190-196.

［8］ Laurent J，Casellas M，Carrere H，et al. Effects of thermal hydrolysis on activated sludge solubilization，surface properties and heavy metals biosorption ［J］. Chemical

Engineering Journal，2011，166（3）：841-849.

[9] Pei H Y，Hu W R，Liu Q H. Effect of protease and cellulase on the characteristic of activated sludge [J]. Journal of Hazardous Materials，2010，178（1-3）：397-403.

[10] Zhen G Y，Lu X Q，Wang B Y，et al. Synergetic pretreatment of waste activated sludge by Fe（Ⅱ）-activated persulfate oxidation under mild temperature for enhanced dewaterability [J]. Bioresource Technology，2012，124：29-36.

[11] 刘阳，张捍民，杨凤林．活性污泥中微生物胞外聚合物（EPS）影响膜污染机理研究 [J]．高校化学工程学报，2008，22（2）：332-338.

[12] Carliell-Marquet C. The effect of phosphorus enrichment on fractionation of metal and phosphorus in anaerobically digested sludge [D]. Loughbourgh：University of Loughbourgh，2001.

[13] Ferdelman T G. The distribution of sulfur，iron，and manganese，copper，and uranium in a salt marsh sediment core as determined by a sequential extraction method [D]. Delaware：University of Delaware，1988.

第6章

氢氧化铁用于生活垃圾填埋反应器和中转站的恶臭原位控制

在过去的几十年中，由城市生活垃圾处理过程（例如运输、储存、堆肥和垃圾填埋）产生的恶臭气味排放对环境的影响引起越来越多的关注。由于城市的快速发展和缺乏合适的场地，废物处理设施有时在临近村庄甚至市区内，这引起附近居民的困扰。来自城市生活垃圾的恶臭气体，包括氮化物、硫化物、有机酸、烃、醇、酮、酯和芳香族化合物。其中，硫化氢（H_2S）似乎是造成恶臭气味最重要的因素之一，尤其是在城市生活垃圾填埋场中。相较于大多数其他有气味的化合物，H_2S 具有极低的嗅觉阈值（体积分数约 0.7μg/m³），并对哺乳动物和水生生物具有高毒性。

氢氧化铁对于城市生活垃圾填埋场的恶臭控制具有重要潜力。本章研究了不同剂量的氢氧化铁（0.05%和 0.10%），对城市生活垃圾模拟垃圾填埋场反应器和中转站减少异味的有效性。使用电子鼻和恶臭化合物（H_2S，NH_3）等对除臭率进行评估。本章还分析了氢氧化铁对填埋场反应器中 CH_4 产生的影响以及渗滤液中硫酸盐、酸挥发性硫化物（AVS）、Cr（Ⅱ）-可还原硫化物（CRS）和单质硫（ES）等硫形态的影响。

6.1 用于生活垃圾填埋反应器的恶臭削减技术

6.1.1 对填埋气中硫化氢浓度的影响

用 50L 圆形塑料桶模拟生活垃圾填埋反应器，考察不同剂量氢氧化铁对生活垃圾填埋气中硫化氢浓度的影响，如图 6-1 所示。27 d 内反应器 1（空白，LR1），反应器 2［喷洒 0.05% $Fe(OH)_3$，LR2］和反应器 3［喷洒 0.10% $Fe(OH)_3$，LR3］中，硫化氢的浓度分别为 272.5～783.0mg/m³，1.0～157.4mg/m³ 和 0.1～40.0mg/m³［图 6-1（a）］。反应器 1 的硫化氢浓度随时间波动较大，这与生活垃圾不同含硫有机组分的可降解性有关，也与渗滤液体系硫酸根强度和 SRB 活性等有关。总体而言，填埋气中硫化氢浓度随时间推移而降低，而这可部分归因于硫酸根以及易腐蛋白质的消耗。LR1、LR2 和 LR3 在 27 d 内累计硫化氢产生量分别为 14.86mg、0.83mg 和 0.17mg［图 6-1（b）］。即添加 0.05%和 0.10%的氢氧化铁使得生活垃圾硫化氢平均去除率达到 94.4%和 98.8%。根据热电联产等填埋气发电设备对硫化氢的浓度要求，未经任何处理的填埋反应器显然没法满足该标准，需要配备有额外的脱硫设施或工艺。而经过 0.05%或者 0.10% Fe（OH)$_3$的作用下，生活垃圾的填埋气硫化氢浓度远小于填埋气能源利用的标准。在该情况下，可以考虑进一步削减 Fe $(OH)_3$的添加量以降低操作成本。

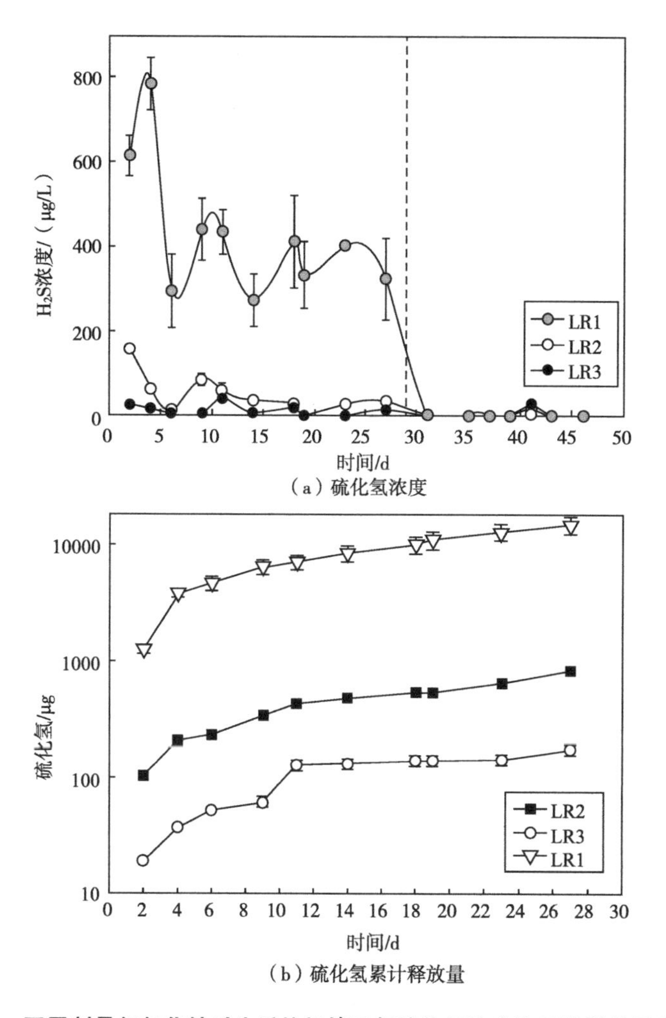

（a）硫化氢浓度

（b）硫化氢累计释放量

图 6-1 不同剂量氢氧化铁对生活垃圾填埋气硫化氢浓度和累计释放量的影响

6.1.2 对填埋气中氨气浓度的影响

如图 6-2 所示，氢氧化铁的加入并没有提高生活垃圾的氨气释放浓度。在前 11d 内，LR1、LR2 和 LR3 中氨气初始浓度分别从 1388μg/L、608μg/L 和 500μg/L 下降至 66μg/L、44μg/L 和 32μg/L。根据不同生活垃圾组分的恶臭组分特性，氨气浓度随着时间推移而下降可能与生活垃圾中餐厨和果皮类等有机组成的降解有关。LR1、LR2 和 LR3 的氨气初始浓度差异可能主要是由生活垃圾组分的不均匀性导致。在此段时间之后，各个模拟生活垃圾填埋场装置的氨气浓度开始保持稳定，这个结果暗示氢氧化铁的加入不对生活垃圾的氨气释放产生影响。

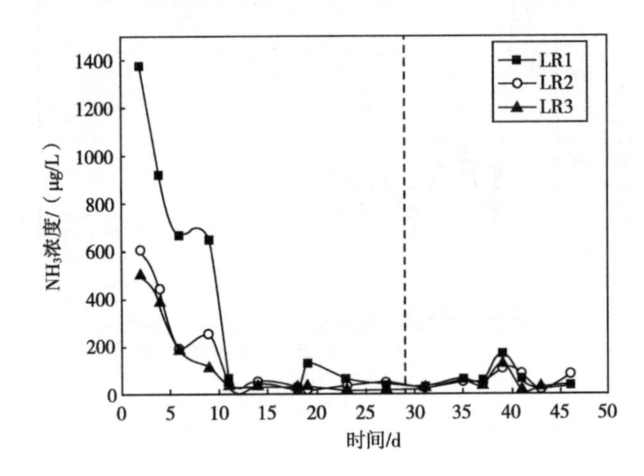

图 6-2　不同剂量氢氧化铁对生活垃圾填埋气氨气浓度的影响

6.1.3　对填埋气甲烷含量的影响

LR1 的填埋气甲烷浓度从开始的 11.6％逐渐上升到 56.8％（图 6-3）。这是由于产甲烷菌活性的增强，同时也由于生活垃圾模拟填埋场中顶空部分氧气的消耗和氮气的排出。在 27 d 后，LR1 被打开以喷洒 0.1％氢氧化铁，其原先的厌氧体系被破坏从而导致填埋气中的甲烷浓度下降。但是，随着时间的推移，LR1 填埋气中甲烷的浓度开始恢复（2.74％到 55.3％）到原先的同一水平，而且甲烷的产生速率也与之前的无显著差异。这表明，喷洒氢氧化铁不会对生活垃圾模拟填埋场的甲烷释放速率产生影响。

6.1.4　对填埋气恶臭指数的影响

如图 6-4 所示，不同剂量氢氧化铁对生活垃圾恶臭指数具有显著削减效果，即氢氧化铁可以显著降低生活垃圾的恶臭释放。LR1 中填埋气的恶臭指数一般趋势为前 11d 基本保持在 25，11～27d 下降至 24 并基本保持稳定。在前 27d 内，喷洒 0.05％ 和 0.10％氢氧化铁悬浊液，分别使得生活垃圾的恶臭浓度下降 50.0％～75.0％和 50.0％～82.3％，平均恶臭去除率为 62.7％和 70.6％［图 6-4（b）］。

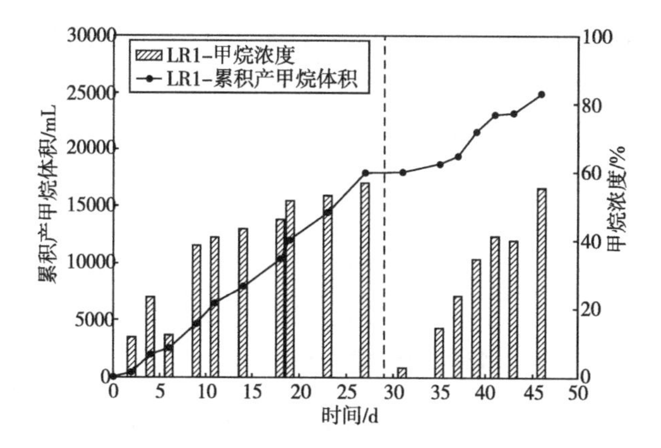

图 6-3 填埋反应器 1 填埋气中甲烷浓度随时间的变化

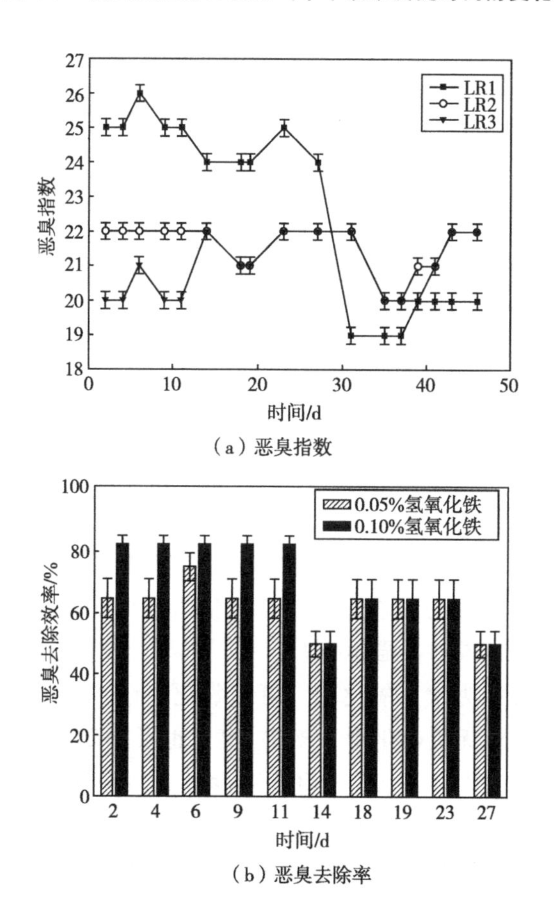

（a）恶臭指数

（b）恶臭去除率

图 6-4 喷洒不同剂量氢氧化铁对反应器恶臭指数和恶臭去除率的影响

生活垃圾模拟填埋场渗滤液的硫形态分析见表6-1。在对渗滤液的硫形态分析中，发现LR2和LR3的渗滤液中没有检测到FeS_2（CRS）和S^0（ES）等反应产物。其中LR1、LR2和LR3中d-AVS和AVS的浓度分别为0.27mg/L和4.57mg/L，0.12mg/L和0.14mg/L，0.13mg/L和0.15mg/L。该结果表明，填埋反应器2和3中的硫化物主要为可溶态，而LR1中的硫化物主要为有机物结合态。喷洒0.05%、0.10%氢氧化铁，使生活垃圾模拟填埋场渗滤液中d-AVS和AVS分别降低55.6%和97.0%，37.0%和96.7%，而这反映了氢氧化铁的加入对生活垃圾硫化氢释放的削减作用。

表6-1　生活垃圾模拟填埋场渗滤液的硫形态分析　　单位：mg/L

项目	LR1	LR2	LR3
d-SO_4^{2-}	713.2±58.1	909.8±31.3	695.4±26.8
d-AVS	0.27±0.13	0.12±0.06	0.17±0.13
AVS	4.57±1.53	0.14±0.04	0.15±0.05
CRS	—	—	—
ES	—	—	—

注："—"代表未检出。

6.2　与传统除臭剂在短时转运过程的恶臭控制效果比较

考察了不同化学试剂，包括表面活性剂、单质硫、苯醌、对蒽醌、过硫酸钾、商业EM菌、三甘醇、乙二醇、双氧水、次氯酸、酸溶液、碱溶液、钼酸盐等对生活垃圾恶臭释放的影响，并与氢氧化铁进行比较。其中对生活垃圾短时恶臭控制具有正面效果的，描述如下。

双氧水和次氯酸钠为常见氧化剂，可以氧化生活垃圾降解过程中的一部分还原性产物，如还原性无机硫化物（RIS）等，也可提高生活垃圾体系的ORP，降低厌氧微生物代谢活性，被认为有利于减少恶臭的释放。但是，从图6-5（a）可以看出，0.2%（H_2O_2+NaClO）对生活垃圾恶臭最高去除率为35%。这可能是由于作为氧化剂，其容易被生活垃圾中的非致臭还原物质消耗，对恶臭物质的氧化性不具有专一性或选择性，这也是传统化学氧化剂所存在的普遍问题。对苯醌（1,4-苯醌）对微生物表现出一定的毒性。从图6-5（b）可以看出，其在96h的作用时间内，最高除臭率为44%。由于生活垃圾体系的微生物呈现高度多样性，而苯醌的加入仅能抑制一部分微生物，而对其他微生物可能没有抑制效果。同时对苯醌也无法针对性地抑制产生恶臭的微生物菌群，因此其恶臭去除效果受到限制。

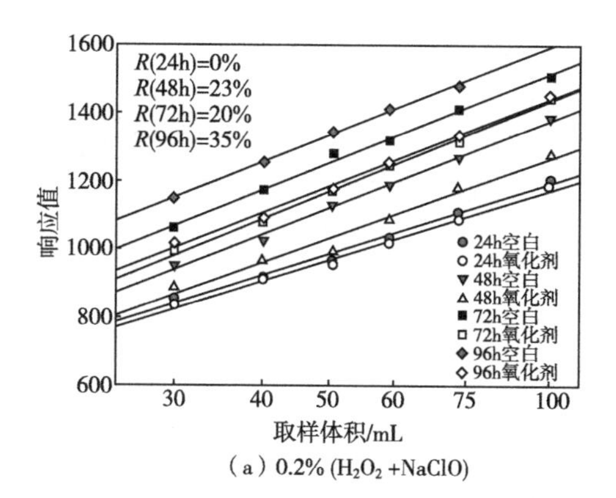

（a）0.2% (H_2O_2 +NaClO)

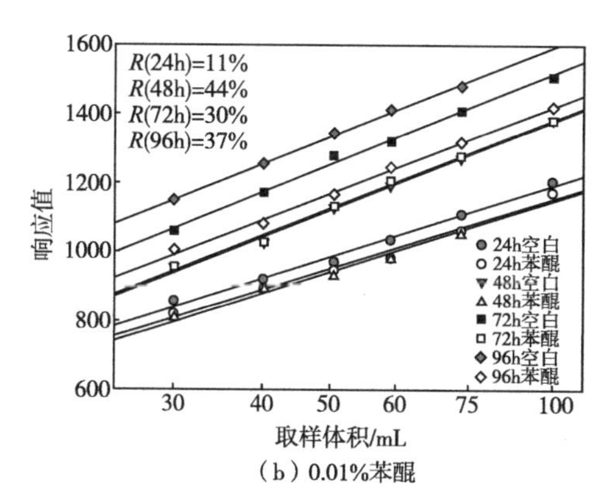

（b）0.01%苯醌

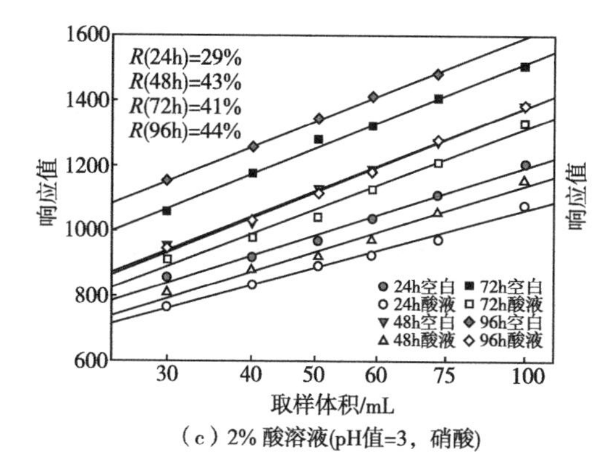

（c）2% 酸溶液(pH值=3，硝酸)

图 6-5

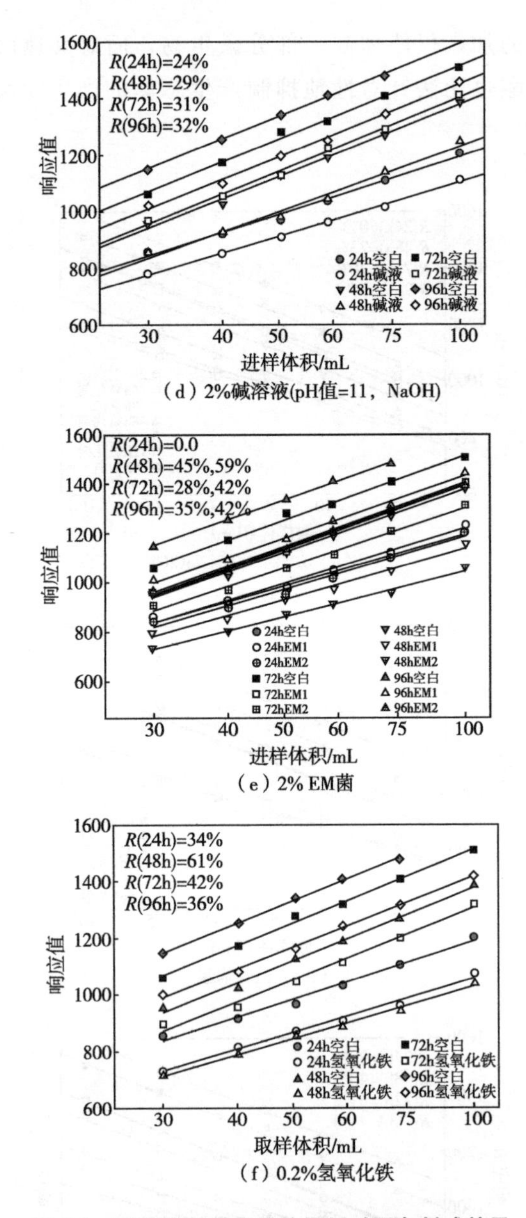

（d）2%碱溶液(pH值=11，NaOH)

（e）2% EM菌

（f）0.2%氢氧化铁

图 6-5　不同试剂对生活垃圾短时恶臭削减效果

其中线条代表 24h、48h、72h 和 96h 的顶空气体电子鼻响应值与进样体积拟合直线，

横坐标进样体积表示注射入 1.5L 聚酯容器的顶空气体体积

生活垃圾体系 pH 值直接影响各种微生物的代谢速率，因此，尝试采用改变生活垃圾的酸碱度以减少生活垃圾恶臭的释放。通过向生活垃圾堆体分别喷洒质量为 2%的 pH 值=3 和 pH 值=11 的酸和碱溶液，其恶臭最高去除率可以达

到44%和32%，如图6-5（c）和图6-5（d）。该数据暗示，酸碱体系具有和其他化学药剂一起作用，以提高生活垃圾恶臭去除率的潜力。

EM菌是目前生活垃圾中转站和填埋场中常用的除臭剂。其原理在于，通过引入外来微生物，将生活垃圾中有机物分解过程中所产生的氨、硫化氢等物质进一步通过新陈代谢作用转化为其他无臭物质，或者使生活垃圾有机组分的降解向不产生恶臭的路径转变，从而减少恶臭的释放。由图6-5（e）可以看出，2种商业EM菌液对生活垃圾的最高除臭率为45%和59%，相比较于其他组分，具有较好的除臭效果。氢氧化铁在短时生活垃圾恶臭削减实验中的作用如图6-5（f）所示，添加0.2%剂量的氢氧化铁，生活垃圾的最高恶臭去除率可达到61%。其恶臭去除率与EM菌液相当，具有较好的除臭效果。

各种除臭配方对生活垃圾的除臭效果总结，列于表6-2。

表6-2 各种生活垃圾除臭剂处理效果 单位:%

处理	96h处理效率范围	最高处理效率
0.2% H_2O_2+0.2% NaClO	0～35	35
0.01%苯醌	11～44	44
2%酸溶液（pH值=3，HNO_3）	29～44	44
2%碱溶液（pH值=11，NaOH）	24～32	32
2%商业EM菌（1#）	0～45	45
2%商业EM菌（2#）	0～59	59
0.2%氢氧化铁	34～61	61

6.3 用于集装化生活垃圾中转站的恶臭原位控制

在集装化生活垃圾中转站的实验流程为：在运输车辆生活垃圾卸载槽中喷洒氢氧化铁悬浊液（工业级），而后将喷洒有氢氧化铁的生活垃圾装载进入标准转运集装箱，如图6-6所示。将集装箱拖运至附近空地上，放置96h，以模拟氢氧化铁对生活垃圾在集装箱转运过程中的恶臭削减效果。开展2次测试，分别为测试组1和测试组2。定期采用吸收法和电子鼻分析法测定生活垃圾集装箱中顶空位置的硫化氢浓度、氨气浓度以及恶臭浓度，装置如图6-7所示。实验所处的环境温度约为25～35℃。

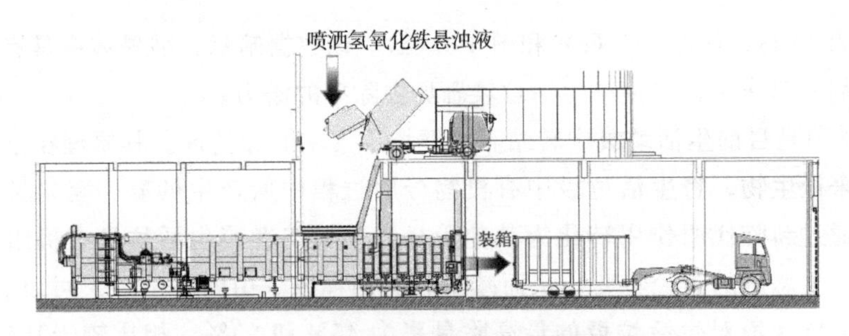

图 6-6　生活垃圾中转站恶臭削减实验流程

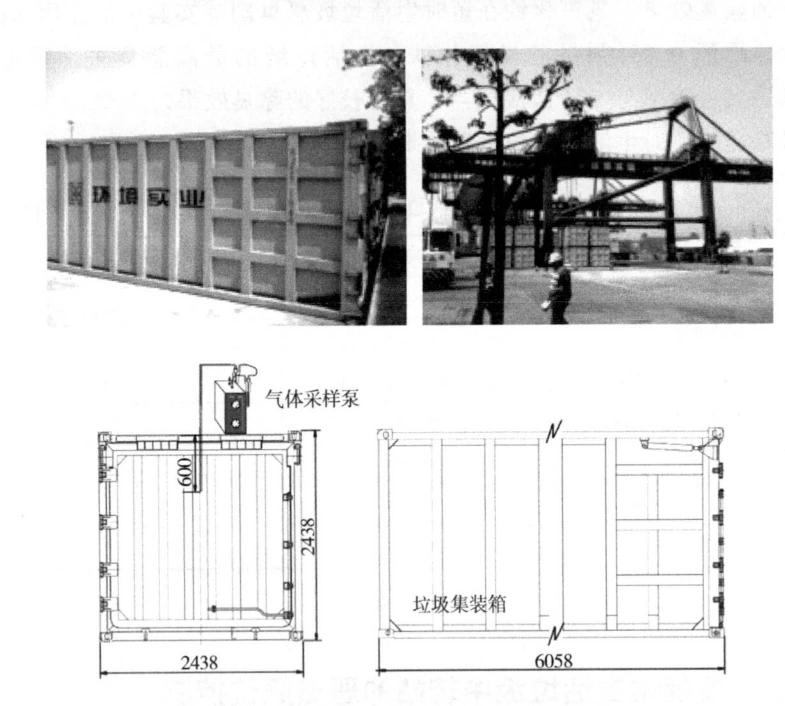

图 6-7　生活垃圾集装箱恶臭削减分析装置图

表 6-3 显示氢氧化铁添加对生活垃圾集装箱顶空气体成分和恶臭浓度的影响。分析发现，生活垃圾集装箱顶空的硫化氢浓度远低于填埋反应器的浓度，浓度范围为 18.43～1134μg/m^3。总体而言，氢氧化铁的加入降低了集装箱生活垃圾的硫化氢释放量，降低幅度为 18%～100%。个别点出现的硫化氢浓度的升高应该是由生活垃圾物料的差异性引起的。与在生活垃圾填埋反应器的研究相同，氢氧化铁对生活垃圾集装箱的氨气释放几乎没有影响。就最终的恶臭浓度削减效果而言，测试组 1 和测试组 2 的恶臭浓度降低了 2%～87%和 15%～46%。氢氧化铁在生活垃圾集装箱恶臭去除效果远低于垃圾填埋反应器的原因，

可以解释如下：a. 生活垃圾集装箱顶空恶臭成分中硫化氢的角色（或权重）相较于填埋反应器弱化，这与两者的环境条件有关；b. 氢氧化铁是在生活垃圾车载卸料平台进行添加的，氢氧化铁与生活垃圾未能均匀混合，无法充分发挥氢氧化铁对硫化物的固定作用。鉴于此，认为氢氧化铁用于生活垃圾集装箱运输过程的恶臭控制显然具有局限性，包括对恶臭成分中硫化物去除的贡献值较低，而对其他致臭化合物的去除可忽略，从而造成去除率无法进一步提高。

表 6-3 氢氧化铁对生活垃圾集装箱的恶臭削减效果（不同取样点）

测试组		硫化氢					
测试组 1	空白/（μg/m³）	18.43	816.6	377.4	91.89	348.2	504.4
	0.01%氢氧化铁/（μg/m³）	49.41	0	112.6	1.319	74.78	43.79
	去除率/%	—	100	70.16	98.56	78.52	91.32
测试组		氨气					
测试组 1	空白/（μg/m³）	321.57	591.87	846.70	743.5	754.9	703.3
	0.01%氢氧化铁/（μg/m³）	459.82	447.44	994.24	974.69	570.2	645.5
	去除率/%	—	24.40	—	—	—	8.21
测试组		恶臭浓度					
测试组 1	空白/（×30）①	882.7	1351	1166	1315	1109	1157
	0.01%氢氧化铁/（×30）	876.7	794.7	973	1252	993.3	1021
	去除率②/%	2.21	87.42	51.35	20.83	34.94	39.76
测试组		硫化氢					
测试组 2	空白/（μg/m³）	21.51	123.9	1134	112.0	660.8	230.5
	0.01%氢氧化铁/（μg/m³）	17.60	65.46	81.49	44.67	80.63	182.85
	去除率/%	18.13	47.18	92.82	60.12	87.80	20.67
测试组		氨气					
测试组 2	空白/（μg/m³）	1746	1660	2638	5870	2436	3597
	0.01%氢氧化铁/（μg/m³）	916.9	1340	2919	5245	2192	3772
	去除率/%	47.50	19.27	—	10.63	10.01	—
测试组		恶臭浓度					
测试组 2	空白/（×30）	850.3	1046	1130	1200	1115	1060
	0.01%氢氧化铁/（×30）	805.7	938.3	963.0	1047	970.3	941.3
	去除率/%	15.34	33.22	46.40	43.53	41.67	35.90

① 顶空气体经稀释 30 倍后进行电子鼻测试；

② 基于恶臭气体稀释倍数和电子鼻响应值标准曲线计算。

6.4 氢氧化铁污泥回用可行性及应用启示

对氢氧化铁在填埋反应器和集装化转运系统的恶臭去除率进行对比，发现氢氧化铁用于填埋场的原位固硫和恶臭削减具有较好的效果，而在垃圾转运系统中效果不佳。这主要可归因于两个方面：a. 在垃圾转运系统中，由于体系外部氧气的进入以及内部氧气的消耗速率有限，使得生活垃圾中转过程中厌氧环境尚未形成，SRB活性较生活垃圾填埋反应器要低；b. 含硫易腐有机组分降解程度较低。正是由于这两方面的作用，使得生活垃圾填埋反应器和中转系统的硫化氢角色与地位不同，使得氢氧化铁在不同体系的恶臭去除效果不同。

以下讨论氢氧化铁污泥回用的可行性。氢氧化铁污泥在饮用水处理厂或者污/废水处理工艺（甚至包括垃圾渗滤液处理）中均有可能产生。目前，氢氧化铁污泥大部分是作为废物进行处理处置，一般情况下采用脱水处理后通过填埋或焚烧进行末端处置。在饮用水处理工艺中，氢氧化铁污泥被认为含有两种主要的化学物质——碳酸钙和氢氧化铁。氢氧化钙的加入提高了水的pH值和硬度，随之钙离子的浓度在二氧化碳的吹气中得到降低，在此过程中碳酸钙作为沉淀物产生。氯化铁在水处理中起到澄清作用，在水中形成氢氧化铁并吸附沉淀颗粒，而后随之进行絮凝清除。而在污/废水处理过程中，Fenton或者Fenton类似反应的处理工艺中会产生大量的氢氧化铁污泥。图6-8中对氢氧化铁污泥的XRD和IR特征进行表征。其中氢氧化铁污泥（a）来自于生活垃圾填埋场渗滤液Fenton反应后，添加NaOH和聚合硫酸铁的沉淀物；而氢氧化铁污泥（b）为添加Ca（$OH)_2$和聚合硫酸铁的沉淀物。氢氧化铁污泥和氢氧化铁粉末（化学纯）的XRD和IR图谱显示，除了杂质，它们均有两个宽峰且图谱类似，暗示氢氧化铁污泥中富含弱晶体结构铁化合物。

如前述分析，氢氧化铁是一种可以用于生活垃圾填埋场的高效固硫剂和除臭剂，同时推荐重复利用氢氧化铁污泥。图6-9描述一个氢氧化铁污泥用于生活垃圾填埋场原位固硫和恶臭控制的技术方案。当采用喷洒工艺时，氢氧化铁污泥需要进行预处理以破碎过程中可能形成的碳酸钙或者其他大颗粒杂质。悬浊液的喷洒可采用文丘里喷管和空压机相结合，在每隔多个生活垃圾作业层或者每个作业层进行。作业层的喷洒仅在作业面形成后进行，按50～200g/m^2剂量向生活垃圾表面喷洒，后渗入生活垃圾内层。

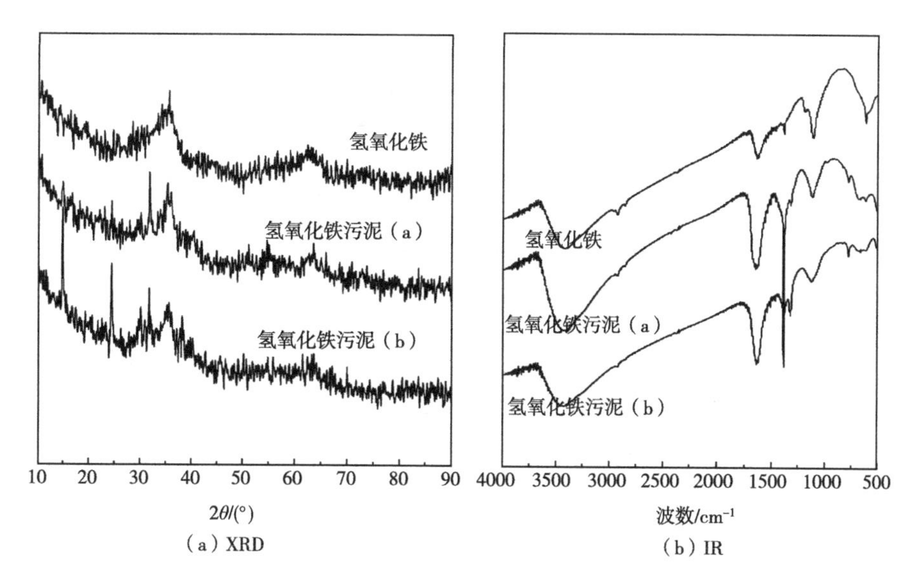

图 6-8　氢氧化铁污泥和氢氧化铁（化学纯）的 XRD 和 IR 图谱分析

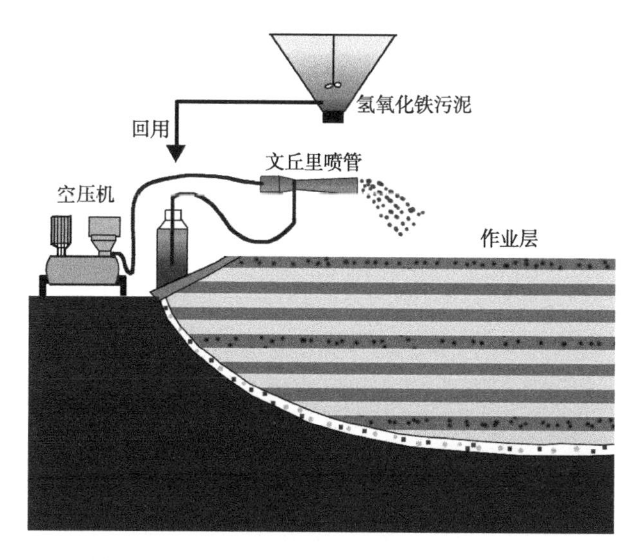

图 6-9　氢氧化铁污泥用于生活垃圾填埋场原位固硫和恶臭控制的技术方案

参考文献

[1] Bruno P，Caselli M，de Gennaro G，et al. Monitoring of odor compounds produced by solid waste treatment plants with diffusive samplers [J]. Waste Management，2007，27 (4):

539-544.

[2] Firer D, Friedler E, Lahav O. Control of sulfide in sewer systems by dosage of iron salts: Comparison between theoretical and experimental results, and practical implications [J]. Science of the Total Environment, 2008, 392 (1): 145-156.

[3] Tronc E, Belleville P, Jolivet J P, et al. Transformation of ferric hydroxide into spinel by iron (Ⅱ) adsorption [J]. Langmuir, 1992, 8 (1): 313-319.

[4] Bonneville S, Van Cappellen P, Behrends T. Microbial reduction of iron (Ⅲ) oxyhydroxides: Effects of mineral solubility and availability [J]. Chemical Geology, 2004, 212 (3): 255-268.

[5] 王明超. 基于恶臭控制的填埋作业工艺技术研究 [D]. 上海: 同济大学, 2012.

[6] Lazarevic D A. In-situ removal of hydrogen sulphide from landfill gas: Arising from the interaction between municipal solid waste and sulphide mine environments within bioreactor conditions [D]. Stockholm: KTH Royal Institute of Technology, 2007.

第 7 章

纳米零价铁不同温度脱除生物气高浓度硫化氢的性能评价

纳米零价铁（nanoscale zero-valent iron，nZVI）因其具有尺寸小，比表面积大，反应活性高及能迅速转化污染物等优点，已被广泛地应用于危险废物和有毒废物的处理方面，如去除多氯联苯、氯化脂肪族、芳香族烃类化合物、重金属、硝酸盐和高氯酸盐等。

nZVI在水环境中具有高效螯合硫化物的能力，因此在该领域的脱硫研究比较多。在水环境中，nZVI表面发生羟基化作用，导致在其表面和单个颗粒之间形成厚度约为2～4nm的薄氧化物层。非晶体氧化物由接近金属核的Fe（Ⅱ）/Fe（Ⅲ）混合相和接近水界面的Fe（Ⅲ）氧化物相组成，其化学计量接近FeOOH。当nZVI存在于含H_2S的溶液中时，H_2S可以二硫化物（S_2^{2-}）和单硫化物（S^{2-}）的形式被有效固定在其表面上。Chaung等利用nZVI处理厌氧消化废水中的硫化物，并测试其脱硫活性。经分析表明，养猪废水成分的复杂性限制了nZVI的反应活性，导致其脱硫能力比实验室条件下低50倍。目前，nZVI的脱硫性能研究大多集中在水环境条件下，很少属于干法脱硫的范畴。

本章的目的是：a. 探究nZVI在不同反应温度（室温、100℃、200℃和250℃）下的干法脱硫性能，以寻求其反应活性的最佳条件，并通过SEM-EDS、XRD、XPS及TG等技术表征其反应产物，以期阐明其高效脱除H_2S的反应机理；b. 除了nZVI之外，选用不同粒径（150 μm、38 μm和18 μm）的零价铁，在相同的实验条件下进行脱硫性能研究，并评价其反应活性和nZVI的差异性。

7.1 不同粒径零价铁各温度时的脱硫性能

评价不同粒径ZVI（150μm、38μm和18μm）和nZVI在不同反应温度［室温（25℃）、100℃、200℃和250℃］对H_2S脱除性能的影响，结果如图7-1所示。经分析可知，在各个反应温度下，150μm、38μm和18μm ZVI的穿透曲线均非常相似，且很快达到H_2S的穿透浓度，其穿透时间均在20min以内。这表明150μm、38μm和18μm的ZVI在各温度下脱除H_2S的能力均非常弱。

nZVI在室温和100℃时，其H_2S的穿透时间均在15min内，这说明其脱硫性能也较弱。而当反应温度升高至200℃和250℃时，H_2S浓度的突破时间显著延长，其脱硫能力显著提高。反应温度为200℃时，约200min后检测到H_2S的存在，随后H_2S浓度缓慢增加，直至300min左右穿透；当反应温度继续升高至250℃时，nZVI的H_2S穿透时间进一步延长，约在270min时才检测到H_2S，直至350min左右才穿透。

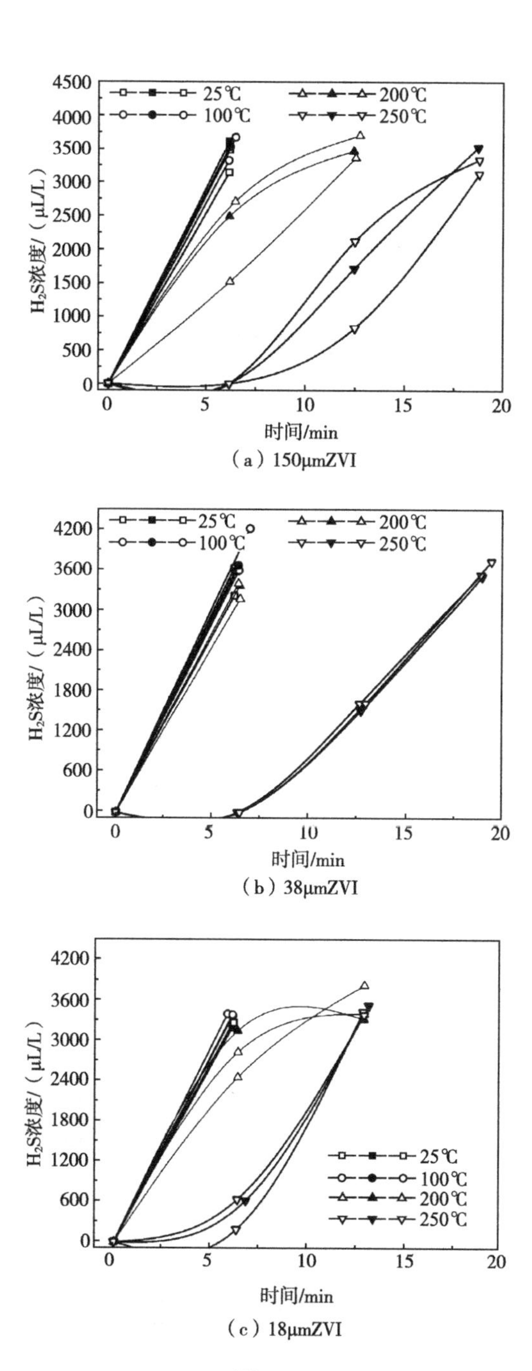

（a）150μmZVI

（b）38μmZVI

（c）18μmZVI

图 7-1

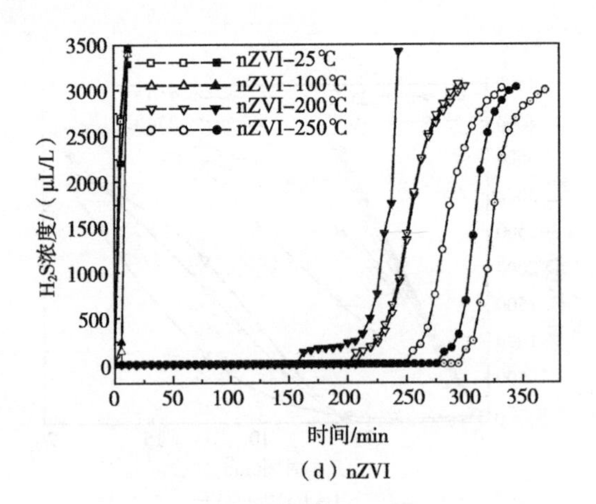

（d）nZVI

图 7-1 不同粒径 ZVI 在各温度下的 H_2S 穿透曲线

根据上述样品的 H_2S 穿透曲线进一步计算其脱硫量，结果如图 7-2 和表 7-1 所示。不同粒径 ZVI 均在 250℃条件下达到最佳脱硫性能，其峰值分别为：19.66mgH_2S/g、23.13mgH_2S/g 和 15.15mgH_2S/g。150μm ZVI 在室温下脱除 H_2S 量仅为 5.77mgH_2S/g；当反应温度上升至 100℃时，其对 H_2S 的去除能力变化不大，脱硫量约为 5.82mgH_2S/g；随着温度升高至 200℃，脱硫量小幅度增加至 12.84mgH_2S/g，增加了 7.02mgH_2S/g（120.62%）；当反应温度继续升高至 250℃时，该样品对 H_2S 的去除能力达到最佳，脱硫量为 19.66mg/g，增加了 6.82mgH_2S/g（53.11%）。总体来说，150μm 的 ZVI 的脱硫效果随着温度升高而增强，但其增强效果较弱。

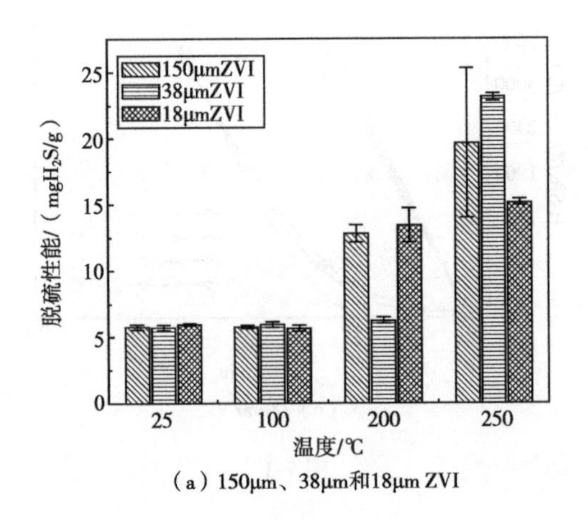

（a）150μm、38μm和18μm ZVI

图 7-2

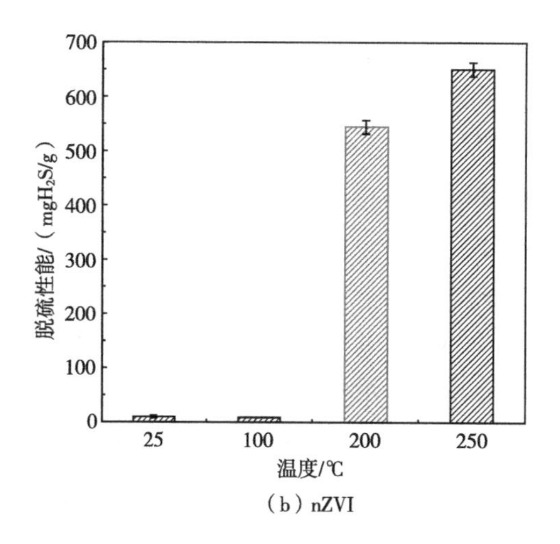

（b）nZVI

图 7-2 不同粒径 ZVI 和 nZVI 在各温度下的脱硫量

表 7-1 不同粒径 ZVI 在各温度下的脱硫能力

温度/°C	脱硫性能/（mgH_2S/g）			
	150μm	38μm	18μm	100nm
25	5.77	5.74	5.96	12.56
100	5.82	5.94	5.67	14.77
200	12.84	6.25	13.46	391.03
250	19.66	23.13	15.15	488.95

对于38μm的ZVI而言，在室温状态下，样品对H_2S的脱除量仅为5.74mgH_2S/g；当温度升高至100℃时，脱硫量约为5.94mgH_2S/g，仅增加了0.2mgH_2S/g（3.48%）；随着温度继续升高为200℃时，脱硫量增加至6.25mgH_2S/g，增加了5.22%；当反应温度为250℃时，该样品的脱硫量增加至23.13mgH_2S/g，和200℃的脱硫量相比，增加了16.88mgH_2S/g（270.08%）。

18μm的ZVI在各温度（室温、100℃、200℃和250℃）下的脱硫能力与150μm ZVI极为接近，且变化趋势相同。其在各温度下的脱硫量分别为：5.96mgH_2S/g、5.67mgH_2S/g、13.46mgH_2S/g和15.15mgH_2S/g。

就nZVI而言，其H_2S穿透时间明显延长，对H_2S的脱除效果显著增强。在室温条件下，尽管该样品对H_2S的去除能力仅为12.56mgH_2S/g，但相比于150μm、38μm和18μm ZVI而言，已提高了许多倍。当反应温度升高至100℃时，nZVI对H_2S的去除能力稍稍增强，脱硫量约为14.77mgH_2S/g，仅比室温状态下增加了 2.21mgH_2S/g；然而，当反应温度继续升高至 200℃时，nZVI 对 H_2S 的脱除能力发生了显著变化，脱硫能力由 14.77mgH_2S/g 剧烈增加至 391.03mgH_2S/g，增加了 376.26mgH_2S/g，提高了 25 倍。当反应温度为 250℃时，nZVI 对 H_2S 的脱除能力达到峰值（488.95mgH_2S/g），相比于 200℃的脱硫量增加了 97.92mgH_2S/g（25.04%）。

综上所述，分析对比了不同粒径 ZVI（150μm、38μm 和 18μm）及 nZVI 在各反应温度下（室温、100℃、200℃和 250℃）的脱硫性能，认为随着反应温度的升高，样品的脱硫性能均随之增强。但 150 μm、38 μm 和 18 μm ZVI 的脱硫性能随温度的升高增强效果并不明显。而对于 nZVI 来说，其脱硫性能随温度升高显著增强。nZVI 在室温和 100℃时，其脱硫能力有限，但当反应温度升高至 200℃及以上时，其脱硫性能会显著增加。尤其在温度由 100℃升高至 200℃这个阶段时，其脱硫能力增加了 25 倍。此外，对比 150 μm、38 μm 和 18 μm ZVI 在各反应温度下的脱硫性能，发现随着粒径的减小，脱硫能力并不是一定增强。但当 ZVI 的粒径减小至纳米级别（100 nm）时，脱硫能力大幅度提高。

7.2 纳米零价铁脱除 H_2S 的反应机理

7.2.1 SEM-EDS 分析

通过对上述不同粒径 ZVI 和 nZVI 在各温度条件下的脱硫性能影响的研究发现，nZVI 的脱硫性能最优越，且随温度的变化最显著。进一步开展不掺杂石英砂的 nZVI 脱硫实验，并通过 SEM-EDS、XRD、XPS 和 TG 技术表征其反应产物的外貌形态、元素组分、晶体结构及价态变化，以期阐明其脱除 H_2S 的反应机理。

SEM 分析表明，纯 nZVI 颗粒形状大体呈球形，大部分尺寸在 60～150nm 范围内，且 nZVI 颗粒可能会由于化学聚集作用而连接成链状结构，如图 7-3（a）所示。EDS 分析进一步表明，反应产物主要由 Fe 和 O 元素组成，且成分比例为 Fe：95.17%，O：4.83%（以质量分数计）。其中 O 元素的相对高含量现象可能是 nZVI 颗粒表面被空气氧化后形成的氧化壳结构，或者 nZVI 与 H_2O 反应形成的表面 FeOOH 结构致使的。该结论可进一步由 XRD 分析证实。

为了分析 nZVI-H_2S 的反应机理，进一步对不掺杂石英砂的 nZVI-H_2S 反应产物进行表征，如图 7-3（b）所示。反应后的 nZVI 颗粒的结构与反应前相比发

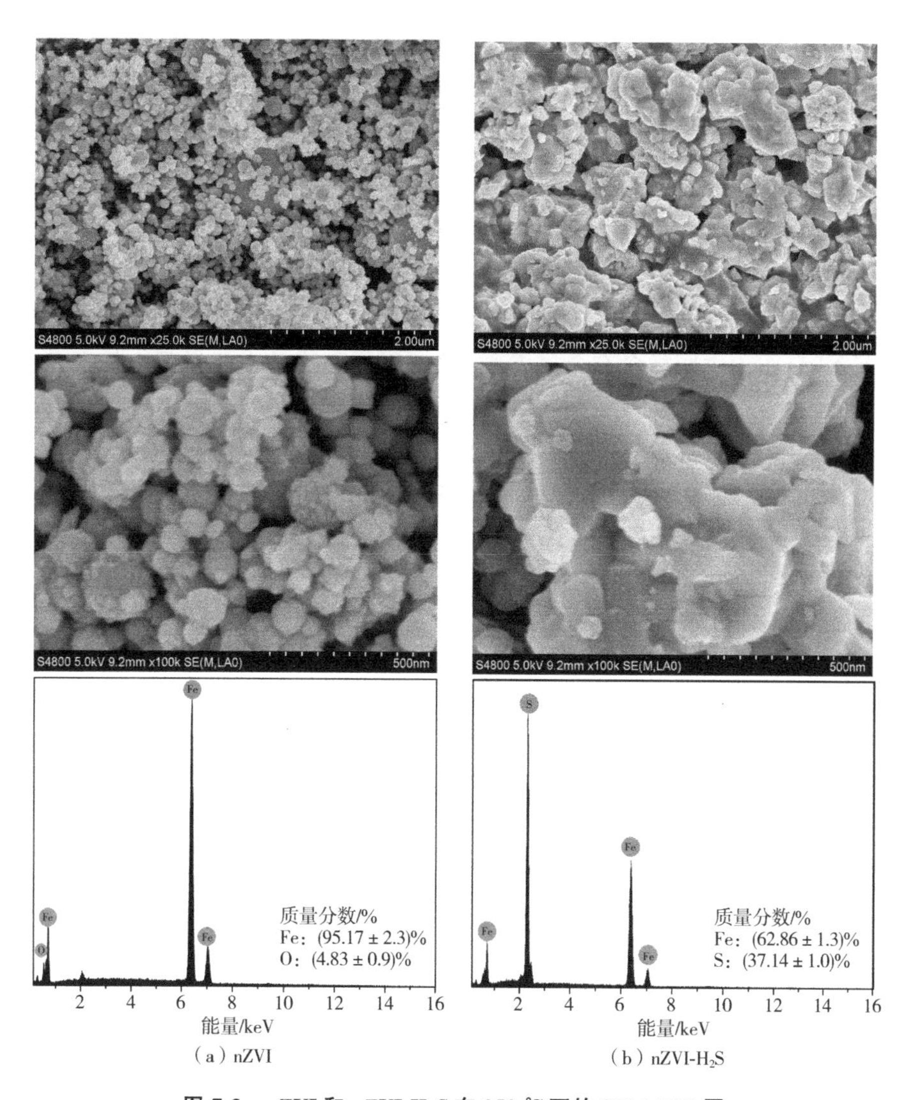

(a) nZVI (b) nZVI-H_2S

图 7-3 nZVI 和 nZVI-H_2S 在 250 ℃下的 SEM-EDS 图

生了显著变化，nZVI 颗粒间的空隙明显变小，这可能是由于孔隙被 nZVI-H_2S 反应产物所填充造成的，而且其反应产物堆积形成了不规则的多边形结构。EDS 分析表明，反应产物中仅检测到 Fe 和 S 元素的存在（Fe：62.86%；S：37.14%），而未检测到 O 元素。这种现象可能是 O 元素在反应过程中被全部转化成 H_2O（g）的形式造成的。基于 EDS 分析结果，进一步计算出 Fe 和 S 的原子和质量比分别约为 0.97 和 1.7。

7.2.2 XRD 分析

图 7-4 将未参加脱硫反应的 nZVI 和 nZVI-H_2S 在不同温度下反应产物的 XRD 图谱进行了比较。经分析可知：未与 H_2S 反应的 nZVI 颗粒 XRD 图谱中在 $2\theta=44.7°$、65°和 82.3°处出现强峰（金属 Fe^0），在 $2\theta=35.8°$处出现弱峰，这表明组分中也存在氧化铁（FeO）结晶相。nZVI-H_2S 在室温和 100℃条件下反应后，其 XRD 图谱中同样含有金属 Fe^0 的峰，但是可能是由于样品中掺杂着大量石英砂的缘故，使得特征峰的强度较低。此外，该条件下 nZVI-H_2S 反应产物的 XRD 图谱中未检测出硫化物的结晶相。随着反应温度升高，在 $2\theta=29.9°$、33.7°、43.2°和 53.1°处出现了硫化铁的弱峰。此时，Fe^0 的峰强度明显降低。这说明当反应温度高于 200℃时，在此过程中大部分 nZVI 颗粒被消耗转化成硫化铁的形式存在。同时，随着反应温度继续升高至 250℃时，其 XRD 图谱中硫化铁的强度也随之增强。

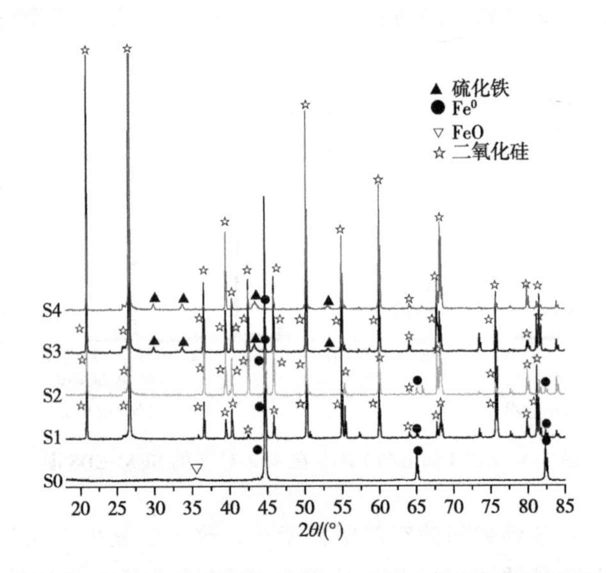

图 7-4 未经脱硫处理的 nZVI（S0）和 nZVI-H_2S 反应产物在不同温度下的 XRD 图谱

S1—室温；S2—100℃；S3—200℃；S4—250℃

对 250℃下未掺杂石英砂的 nZVI-H_2S 反应产物进行表征（图 7-5）。其 XRD 图谱显示该反应产物同样也具有结晶性，在 $2\theta=18.7°$、29.9°、33.7°、43.2°、47.1°、52.2°、53.1°和 70.8°处出现硫化铁的强峰，此外还存在 Fe^0 的弱峰，这说明还有部分 nZVI 未参与反应，且产物中不存在黄铁矿（FeS_2）。

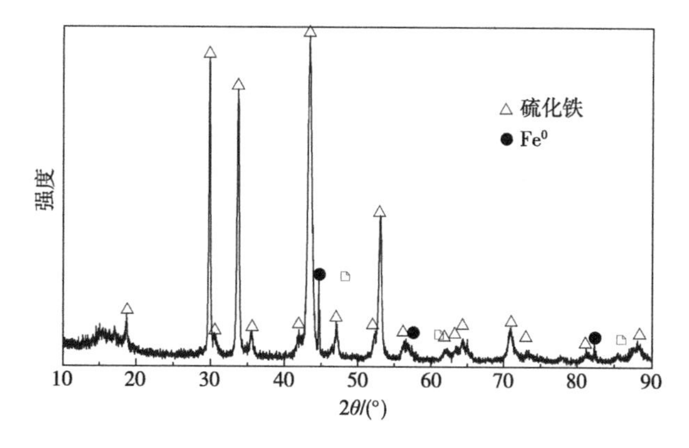

图 7-5 250℃下未掺杂石英砂的 nZVI-H_2S 反应产物的 XRD 图谱

7.2.3 TG 分析

未掺杂石英砂的 nZVI 与 H_2S 反应产物的 TG/DTA 分析如图 7-6 所示。假设硫化反应后产物为 Fe_xS，铁硫比由 TG 确定。通过热重分析进一步计算，确定 $x=1.02$ 的值。在空气中测得的数据显示：当温度由室温升高至 400℃时，该样品的质量增加，这可能是由于部分未反应的金属 Fe 的氧化造成的。随后温度在 400～450℃状态时，样品质量显著损失；随后在 540～670℃状态时，质量再次大幅度损失，这可能是该样品最终被氧化成 Fe_2O_3 的缘故。该 TG 曲线测得的结果与通过非水解溶胶-凝胶反应制得的陨硫铁物质相类似。

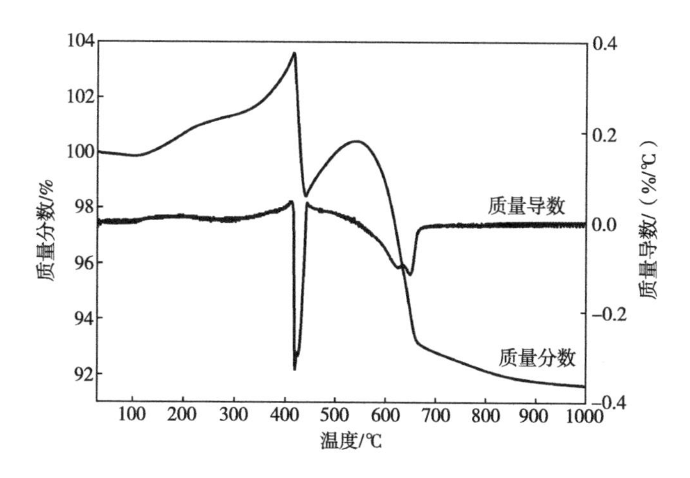

图 7-6 nZVI-H_2S 反应产物在空气中加热时的 TG 和 DTG

7.2.4 XPS 分析

对未经脱硫处理的 nZVI 和 H_2S 在 250℃条件下反应产物进行 XPS 分析（图 7-7）。分析表明，nZVI-H_2S 反应产物中含有的主要元素是 Fe、S 和 O 元素。S 2p 谱图显示该反应产物的表面存在硫化合物。

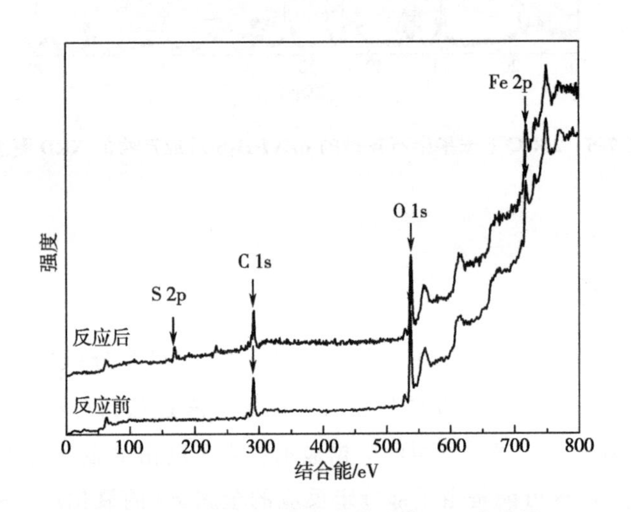

图 7-7 nZVI 与 H_2S 反应前后的 XPS 全谱图

S 2p 窄谱进一步显示未经脱硫处理的 nZVI 中未检测出硫元素［图 7-8（a）］。nZVI 与 H_2S 反应后，由于 S 2p 峰具有紧密间隔的自旋轨道分量，其 $\Delta=1.16eV$，强度比约为 0.511，以此为依据将光谱解卷积（deconvoluted）成四个重叠峰，其中 S $2p_{3/2}$ 峰的结合能为 160.8eV 和 161.5eV。查找相关的文献确定这两个峰分别对应着二硫化物（S_2^{2-}）和单硫化物（S^{2-}）。进一步计算出拟合曲线的面积，结果显示 nZVI-H_2S 在 250℃反应后，约有 36％的硫以单硫化物（S^{2-}）形式存在，约有 64％的硫以二硫化物（S_2^{2-}）形式存在。

进一步对 Fe 2p 进行 XPS 表征分析［图 7-8（b）］，结果表明，未经脱硫处理的 nZVI 的 Fe $2p_{3/2}$ 和 Fe $2p_{1/2}$ 的结合能分别为 711.0 eV 和 724.5 eV。该样品 XPS 谱图在 706～707eV 处未观察到明显的峰，该结论与 Wen 等对 Fe 2p 的 XPS 表征结果不同，这表明该样品表面被铁氧化物覆盖。在 Wen 等对 Fe 2p 的 XPS 表征结论中，未经脱硫处理的 nZVI 在 707.0eV 处有一个小峰，该峰对应着零价铁物质（Fe^0）。该差异可能是研究中使用的 nZVI 发生老化致使的。nZVI 与 H_2S 反应后，在 712.1eV 和 725eV 处的结合能对应着 Fe $2p_{3/2}$

和 Fe $2p_{1/2}$。Fe $2p_{3/2}$ 和 Fe $2p_{1/2}$ 自旋轨道的水平位置分离量为 12.90eV。nZVI 与 H_2S 反应后，Fe 的结合能整体向较高的一侧移动，这说明反应后可能生成了硫化铁。

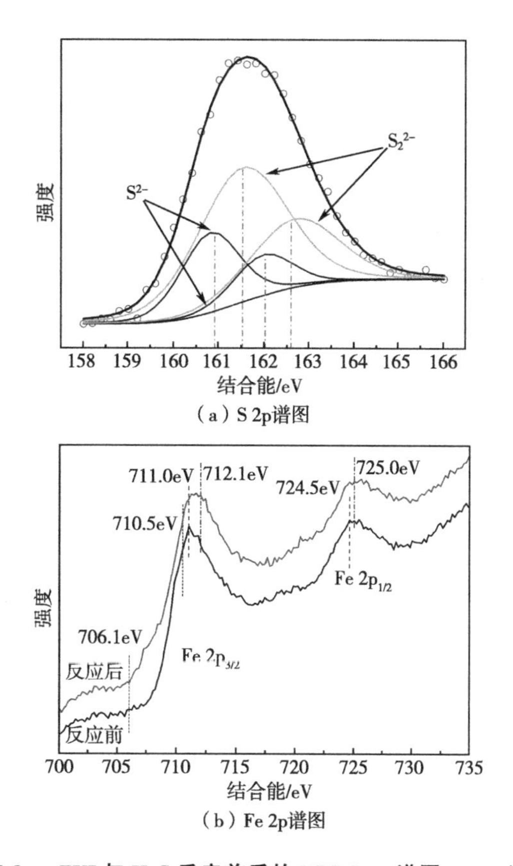

图 7-8 nZVI 与 H_2S 反应前后的 XPS S 2p 谱图 Fe 2p 谱图

7.3 纳米零价铁干法脱硫反应机理分析

本书进行的 nZVI 脱硫实验是在干法脱硫的范畴内，其反应机理有别于水环境下 nZVI 的脱硫反应。nZVI 与 H_2O 发生反应，在颗粒表面和颗粒间形成无定形氧化物薄膜 FeOOH［式（7-1）］。之后 FeOOH 薄膜与 S（Ⅱ）反应，将其固定为 FeS、FeS_2 和 S^0［式（7-2）和式（7-3）］。

$$Fe^0 + 2H_2O \xlongequal{} FeOOH + 1.5H_2 \tag{7-1}$$

$$2FeOOH+3H_2S \xlongequal{} 2FeS+\frac{1}{8}S_8+4H_2O \tag{7-2}$$

$$2FeOOH+3H_2S \xlongequal{} FeS_2+FeS+4H_2O \tag{7-3}$$

nZVI颗粒暴露在空气或O_2中，不管颗粒形态如何都会被氧化。Wang等发现将nZVI在室温下暴露在空气中时，颗粒表面会被约3nm的氧化物壳所覆盖。该发现与研究中的EDS、XRS和XPS的分析结果保持一致。Signorini等推测Fe纳米颗粒上的氧化物壳结构随着与Fe核距离的变化而变化，氧化物外壳的外表面可能为γ-Fe_2O_3，而与Fe核心相邻的内部区域可能为Fe_3O_4。Wang等认为它的结构特征与Fe_3O_4相似，但是其峰强度和峰位置有所不同，氧化壳内未表征到相变现象。

尽管存在着nZVI颗粒暴露在空气中的问题，但是其表面的FeO层并不能充分解释其具有高效脱除H_2S的能力。SEM-EDS分析表明，nZVI中O元素的含量仅为4.83%，这说明nZVI并未被完全氧化，而且研究中所采用的模拟填埋气钢瓶气体组分中不含有O_2，所以可忽略氧化物壳形对其脱硫性能造成的影响。根据EDS和TG测得nZVI-H_2S在250℃条件下反应产物中铁硫比分别为0.97和1.02。由于产物中存在未反应的Fe^0，所以其铁硫比应小于1。通过XPS分析可知反应产物中存在单硫化物（S^{2-}）和二硫化物（S_2^{2-}），但XRD分析结果中显示不含有黄铁矿。因此，认为nZVI在高温下高效脱除H_2S可归因于由氧化物外壳和底层Fe核组成的纳米组分，产生了类似于陨硫铁的FeS物质和不具晶体结构的FeS_2物质。

对nZVI（不掺杂石英砂）与H_2S在250℃条件下的反应产物进一步分析，将反应物分为上层、中间层和底层三份，分别对各部分样品进行扫描电镜-能谱分析，讨论其各部分样品在外貌形态和元素组成方面的差异性，结果如图7-9（a）所示。反应物上层部分颗粒堆积形成不规则的晶体结构，颗粒大小不一，且颗粒间有较大的空隙，这可能是上层nZVI与H_2S反应不充分所造成的。中间层和底层的反应物颗粒形状均是不规则的晶体结构，但是底层颗粒的平均粒径较大。此外，中间层和底层部分颗粒间空隙由于被Fe（0）-S（Ⅱ）的反应产物填充而明显缩小，这说明中间层和底层的nZVI与H_2S的反应相比于上层更加充分。

nZVI-H_2S反应物的元素组成，结果如图7-9（b）所示。分析显示，上层反应物中主要含有S和Fe元素，其含量分别为33.9%和66.1%。中间层部位中约含有34.8%的S元素和65.2%的Fe元素。底层反应物中主要含有S和Fe元素，其含量分别为32.3%和67.7%。对比nZVI-H_2S反应物的上层、中间层和底层中的元素含量，发现各部位的S和Fe元素含量相接近。结合扫描电镜图，发现上层、中间层和底层反应物的外貌形状稍有不同，而元素组成并无明显差异。

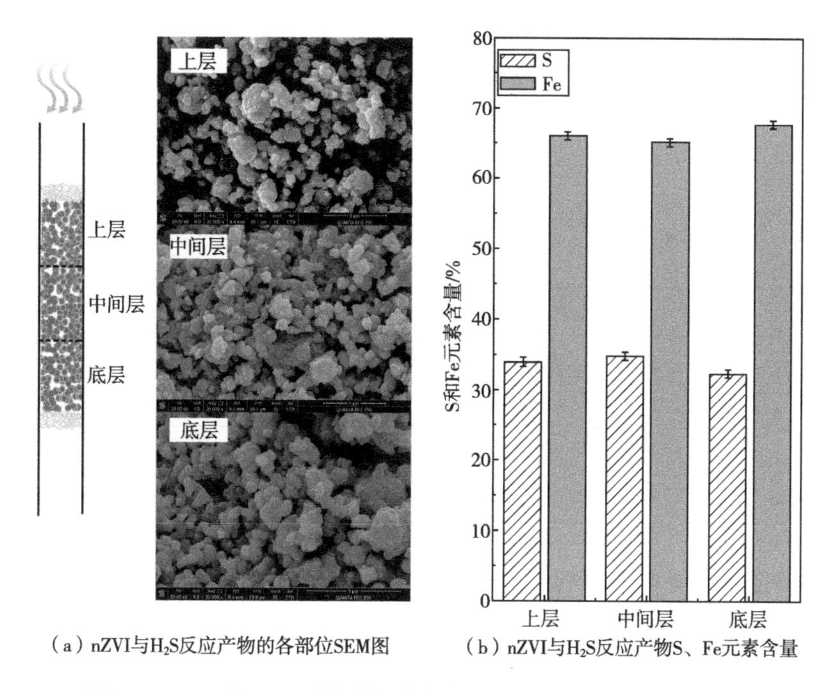

（a）nZVI与H_2S反应产物的各部位SEM图　（b）nZVI与H_2S反应产物S、Fe元素含量

图 7-9　nZVI 与 H_2S 反应产物的各部位 SEM 和 S、Fe 元素含量

本书中选用的模拟填埋气组分为1% H_2S、39% CO_2和60% CH_4。事实上，真实填埋气还含有其他微量组分，如烷烃、烯烃、芳香族类或硫醚类等杂质。这些杂质组分可能会影响脱硫剂样品的脱硫性能。为评价填埋气杂质组分对nZVI脱硫性能的干扰，本研究开展了额外实验，选用包括CH_4、CO_2、CO、N_2、H_2S、二甲基硫醚、氯乙烯、四氯乙烯、二氯甲烷、甲苯、乙苯、邻二甲苯、异丁烷、异戊烷、正戊烷和正己烷的模拟填埋气，具体组分如表7-2所示。

表 7-2　含杂质模拟填埋气的组分及含量

编号	组分	含量
1	CH_4	45%
2	CO_2	39%
3	N_2	14.9%
4	H_2S	0.8%
5	CO	0.30%
6	二甲基硫醚	8mg/m^3
7	氯乙烯	33mg/m^3

续表

编号	组分	含量
8	四氯乙烯	6.3mg/m^3
9	二氯甲烷	12mg/m^3
10	甲苯	35mg/m^3
11	乙苯	13mg/m^3
12	邻二甲苯	22mg/m^3
13	异丁烷	100mg/m^3
14	异戊烷	970mg/m^3
15	正戊烷	180mg/m^3
16	正己烷	390mg/m^3

在该含杂质模拟填埋气中，进一步在250℃反应温度下开展nZVI脱硫实验，其H_2S穿透曲线如图7-10所示。经过3次平行实验可知，约在350～390min左右检测到H_2S，分别在382.2min、413.6min和438.4min左右反应穿透。基于H_2S的穿透曲线可进一步计算出该条件下nZVI的脱硫量为（494.0±27.99）mgH_2S/g。经分析发现，烃类化合物的存在对nZVI脱除H_2S的能力影响甚微。

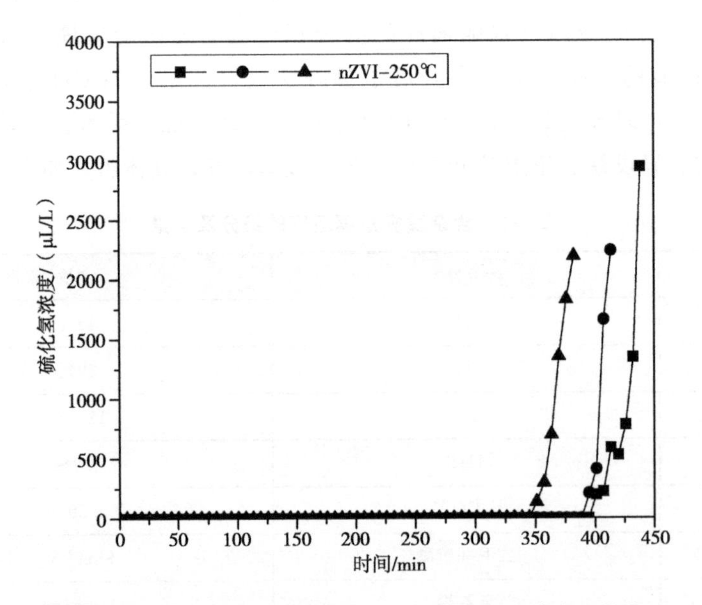

图7-10　含杂质模拟填埋气中nZVI脱除H_2S的穿透曲线

脱硫实验中采用的nZVI在氧气和水环境下易形成氧壳结构和无定形氧化物层，因此在nZVI脱硫之前应去除填埋气中的氧气和水蒸气。此外，脱硫过程中需要额外的加热系统以用于提供反应所需要的高温（如250℃），因此实验设计时，必须小心谨慎，避免发生爆炸。最后，仍需要重新设计H_2S的去除装置，来满足nZVI脱硫的需求。本研究提出了一套基于纳米铁的简易脱硫装置，包括沼气过滤器、纳米铁脱硫单元（陶瓷加热带供热，填充30%纳米零价铁和70%石英砂）和生物炭脱硫单元（深度脱硫）组成，如图7-11。该方法与传统的商业脱硫不同，因此在它作为商业用途之前仍需要大量的努力。

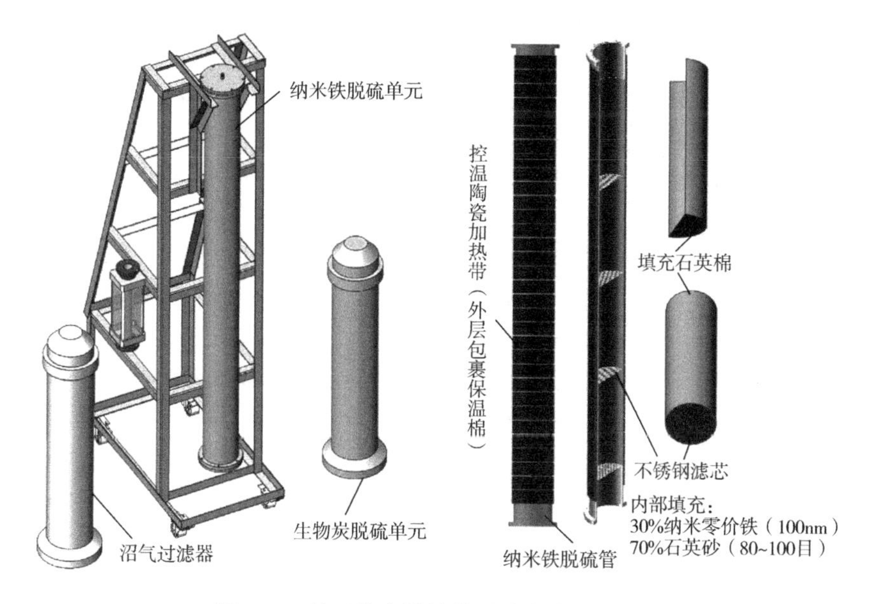

图7-11 基于纳米铁的简易脱硫装置示意图

参考文献

[1] Chaung S H, Wu P F, Kao Y, et al. Nanoscale zero-valent iron for sulfide removal from digested piggery wastewater [J]. Journal of Nanomaterials, 2014, 2014: 1-10.

[2] Martin J E, Herzing A A, Yan W L, et al. Determination of the oxide layer thickness in core-shell zerovalent iron nanoparticles [J]. Langmuir, 2008, 24 (8): 4329-4334.

[3] Yan W L, Herzing A A, Kiely C J, et al. Nanoscale zero-valent iron (nZVI): Aspects of the core-shell structure and reactions with inorganic species in water [J]. Journal of Contaminant Hydrology, 2010, 118 (3-4): 96-104.

[4] Baer D R, Gaspar D J, Nachimuthu P, et al. Application of surface chemical analysis tools for characterization of nanoparticles [J]. Analytical and Bioanalytical Chemistry, 2010, 396 (3): 983-1002.

[5] Li X Q, Zhang W X. Iron nanoparticles: The core-shell structure and unique properties for Ni (Ⅱ) sequestration [J]. Langmuir, 2006, 22 (10)) 4638-4642.

[6] Pedoussaut N M, Lind C. Facile synthesis of troilite [J]. Inorganic Chemistry, 2008, 47 (2): 392-394.

[7] Gao T, Hou S, Wang F, et al. Reversible S^0/MgS_x redox chemistry in a $MgTFSI_2$/$MgCl_2$/DME electrolyte for rechargeable Mg/S batteries [J]. Angewandte Chemie International Edition, 2017, 56 (43): 13526-13530.

[8] Nandasiri M I, Camacho-Forero L E, Schwarz A M, et al. In situ chemical imaging of solid-electrolyte interphase layer evolution in Li-S batteries [J]. Chemistry of Materials, 2017, 29 (11): 4728-4737.

[9] Wen Z, Zhang Y, Dai C. Removal of phosphate from aqueous solution using nanoscale zerovalent iron (nZVI) [J]. Colloids and Surfaces A: Physicochemical and Engineering Aspects, 2014, 457 (Supplement C): 433-440.

[10] Fromm E. Kinetics of metal-gas interactions at low temperatures: Hydriding, oxidation poisoning [M]. Berlin: Springer, 1998.

[11] Wang C, Baer D R, Amonette J E, et al. Morphology and electronic structure of the oxide shell on the surface of iron nanoparticles [J]. Journal of the American Chemical Society, 2009, 131 (25): 8824-8832.

[12] Signorini L, Pasquini L, Savini L, et al. Size-dependent oxidation in iron/iron oxide core-shell nanoparticles [J]. Physical Review B, 2003, 68 (19): 195423.

[13] Spiegel R J, Preston J L, Trocciola J C. Fuel cell operation on landfill gas at penrose power station [J]. Energy, 1999, 24 (8): 723-742.

第 8 章

绿色合成纳米铁的生物气脱硫性能

纳米级铁系材料在处理危险废物和有毒废物方面具有高效性，同时在填埋气的脱硫方面也具有极大的潜力。实验室制备纳米零价铁颗粒的常用方法，是以 $NaBH_4$作为还原剂还原 Fe^{3+} / Fe^{2+}来合成的。该方法中的 $NaBH_4$具有腐蚀性和可燃性，不仅会给操作带来安全风险，还会给环境带来污染。目前，使用生物法合成纳米铁颗粒的研究已逐渐被报道。与传统的合成方法相比，利用植物的某些部位（如根、茎、叶、花瓣和果实等）来合成纳米铁颗粒的方法具有更加清洁、环保、成本低廉、安全和无毒无害等优点，因此具有较大的发展潜力。

选用茶叶提取液作为还原剂和稳定剂具有以下优点：一方面多酚在室温环境下具有可生物降解性（无毒）和水溶性；另一方面，多酚能够与金属离子形成络合物；此外，茶多酚中含有醇羟基官能团，可用作合成纳米颗粒的还原剂和稳定剂。本章选用黑茶提取液作为还原剂，与硫酸亚铁溶液反应合成黑茶基纳米铁（dark tea-iron nanoparticles，DT-Fe NPs）。并探究 DT- Fe NPs 经不同温度干热处理后的脱硫性能，从而遴选出基于黑茶基纳米铁高效脱硫的最优条件。此外，通过对反应产物进行表征，分析其外貌形态、元素组成、晶体结构和价态变化，以期阐明其反应机理。

8.1 植物还原法合成纳米颗粒

植物还原法合成金属纳米颗粒具有其独特的优势，如成本低廉、来源广泛、简单高效且环保稳定等。植物的某些部位如叶、根、茎、花瓣和果实等均可用来合成金属纳米颗粒。利用植物还原法合成纳米颗粒技术的代表性金属是银和金。

Mallikarjuna 等和 Sharma 等利用丁香罗勒（*Ocimum gratissimum*）叶提取物还原硝酸银溶液合成了粒径约为 3～20 nm 的 Ag 纳米颗粒，并通过紫外可见吸收光谱、X 衍射分析、透射电子显微镜和红外线光谱分析等技术表征合成产物发现，合成颗粒大体上呈球形，且被有机物（如醇、醛、酮和羧酸等萜类有机化合物）薄层包围。Nadagouda 等利用茶多酚还原硝酸铁溶液合成纳米零价铁颗粒，并通过探究其体外生物相容性，发现该颗粒在暴露的人类角质形成细胞（HaCaT）中是无毒的。Wang 等提出分别用绿茶（GT）和桉树叶（EL）的提取物还原硫酸铁溶液制备纳米 Fe 颗粒，并比较两者合成的纳米 Fe 颗粒与纳米零价铁（nZVI）对硝酸盐的去除效果。经分析得出，虽然新合成的 GT-Fe NPs 和 EL-Fe NPs 对硝酸盐的去除率分别为 59.7%和 41.4%，远小于 nZVI 的除硝酸盐率（87.6%），但是经过在空气中老化 2h 后，发现 nZVI 的去除率降低一半，而 GT-Fe NPs 和 EL-Fe NPs 的去除率却几乎不变。这证实了前者在处理废水中硝酸盐方面的稳定性。

Soliemanzadeh 等采用绿茶提取物和膨润土的混合液与硫酸亚铁溶液反应制备出纳米级零价铁，并探究其吸附 Cr（Ⅵ）的能力，研究发现初始浓度、离子强度、介质 pH 值和接触时间等参数均对其吸附 Cr（Ⅵ）的能力有所影响，但受介质 pH 值的影响最大。在 pH 值为 2～6 时，带负电荷的 Cr（Ⅵ）与吸附剂正电荷表面之间的静电吸引力有利于吸附，此时吸附效果最佳。

Machado 等评估了苹果树、杏树、桃树、梨树、松树、桉树、橡树、葡萄树、樱桃树等 26 种树叶提取物还原水溶液中 Fe（Ⅲ）以形成纳米零价铁的可行性。研究结果表明，使用树叶提取物确实可合成粒径约为（10～20nm）的 nZVI，低水分含量的树叶在 80℃条件下的提取效果更好，反应物最佳接触时间和溶剂体积比则根据树叶类型的不同有所差异。

8.2 黑茶基纳米铁的制备及表征

黑茶基纳米铁的制备过程：取 1kg 黑茶茯砖，用医用纱布包裹捆扎后放于 50L 蒸馏水中，在 80℃恒温水浴锅内加热 1h，后通过 200 目筛过滤，制得黑茶提取液，并于空气中冷却；在室温条件下，通过蠕动泵将 0.1mol/L $FeSO_4$ 溶液以 30mL/min 的速度滴加到黑茶提取液中，黑茶提取液与 $FeSO_4$ 溶液的总体积比为 2∶1；在滴加的过程中，用机械搅拌器搅拌，待充分反应后，经 4000r/min 离心 5min，继而冷冻干燥，即可制得黑茶基纳米铁（DT-Fe NPs）。

SEM 分析表明，制备的 DT-Fe NPs 总体呈球形，分布较为均匀，颗粒尺寸仅为 20～50 nm，如图 8-1（a）所示。由于颗粒之间的化学聚合作用，会发生团聚现象，形成链式结构，且颗粒之间存在着少量的孔隙。EDS 分析进一步表明，DT-Fe NPs 的主要组分为 Fe 和 O 元素，含量分别为 45.45%（以质量分数计）和 50.85%（以质量分数计），而且，EDS 图谱中还检测到少量的 Si、Ca、P、S 等元素，如图 8-1（b）。颗粒中高含量的 O 元素，可能来源于纳米铁颗粒表面被空气氧化后形成的氧壳（oxide shell）结构，或者纳米铁颗粒与 H_2O 反应形成的表面 FeOOH 结构。

制备的 DT-Fe NPs，其 XRD 图谱中含有弱宽峰，且未发现金属铁（Fe^0）的特征峰，如图 8-2 所示。该现象与 Nadagouda 等的结论类似。Nadagouda 等发现茶叶提取液/Fe^{3+}不同配比制得的Fe NPs，虽然在XRD图谱特征上存在着一定差异，但均显示为弱宽峰且未出现金属铁的特征峰。这种现象可解释为茶叶提取液中的有机化合物（如多酚和腐殖酸等）吸附在纳米铁颗粒表面而导致的。

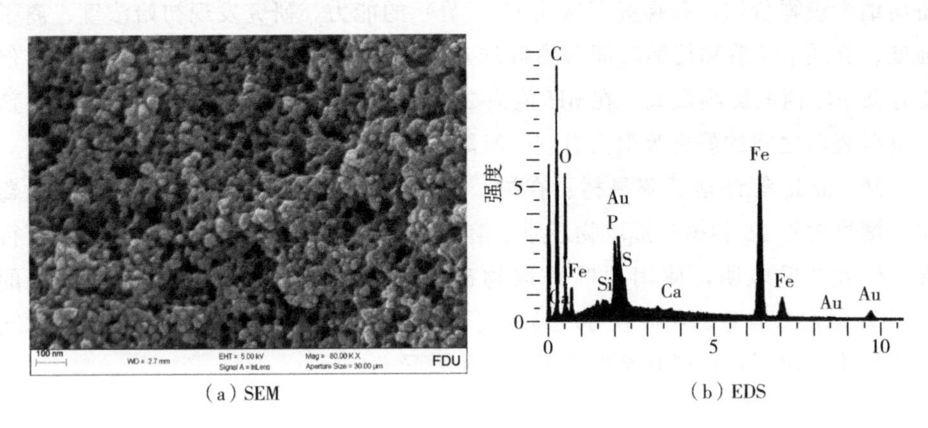

（a）SEM　　（b）EDS

图8-1　制备DT-Fe NPs的SEM-EDS表征

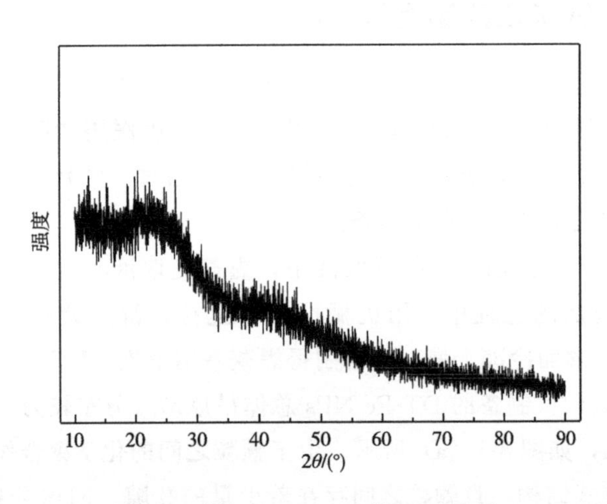

图8-2　制备DT-Fe NPs的XRD表征

8.3　干热处理对黑茶基纳米铁脱硫性能的影响

DT-Fe NPs经不同温度（300～800°C）干热处理后的H_2S穿透曲线，如图8-3（a）所示。其中，当出口H_2S浓度达到入口浓度的30%（约4200mg/m³）时，定义为穿透点。未经热处理的样品，其H_2S穿透时间很短，脱硫性能很弱，在实验开始后 12 min 左右即被穿透。样品经过 300℃的热处理后，H_2S 穿透时间明显延长，直至 73.4 min 时出气中检测到 H_2S，136.5 min 左右穿透。当热处理温度继续升高至 400℃时，脱硫性能进一步增强，约 137.0 min 后才检测到 H_2S 的存在，随后 H_2S 的浓度缓慢增加，直至 300.0 min 左右反应穿透。而后，随着热处理温度的进一步提高（500～800°C），H_2S 穿透时间逐渐缩短，脱硫性能逐渐减弱。当热处理温度为 500℃时，约 64.2 min 检测到 H_2S，随后 H_2S 的浓度逐渐增加，直至 208.7 min 左右反应穿透。在 600℃的热处理温度下，H_2S 穿透时间明显缩短，约 87.6 min 后穿透。随着热处理温度继续升高至 700℃及以上时，其脱硫性能很弱，尤其在 800℃时，其脱硫性能与未处理样品脱硫性能接近。

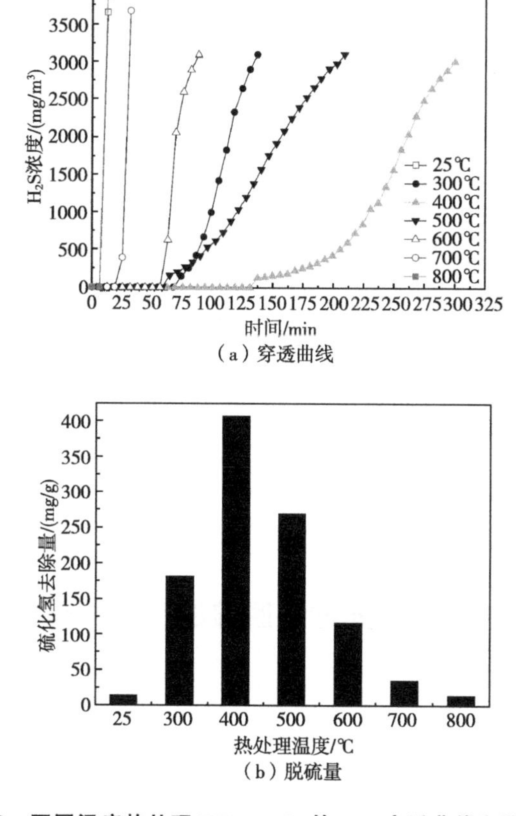

（a）穿透曲线

（b）脱硫量

图 8-3 不同温度热处理 DT-Fe NPs 的 H_2S 穿透曲线和脱硫量

基于图 8-3（a）的穿透曲线，脱硫性能 x/M（mg H_2S/g）可由式（8-1）计算而得。

$$\frac{x}{M}=\frac{QMW}{wV_{M}}(c_{0}t_{s}-\int_{0}^{t_{s}}c(t)\mathrm{d}t) \quad (8\text{-}1)$$

式中，Q 为进气流量，m^3/s；w 为脱硫剂质量，g；MW 为硫化氢分子量；V_M为摩尔体积，22.4mL/mmol；c_0为进气硫化氢浓度，mg/m^3；c（t）为出气硫化氢浓度，mg/m^3；t_s为饱和时间，s。

计算出不同温度热处理 DT-Fe NPs 的脱硫量，如图 8-3（b）和表 8-1 所示。未经热处理 DT-Fe NPs 的脱硫性能较弱，脱硫能力仅为 14.7mg H_2S/g；经过 300℃热处理后，脱硫能力明显提高，脱硫量迅速增加至 183.5mg H_2S/g，增强了 11 倍。随着热处理温度继续升高至 400℃时，脱硫性能达到最佳，脱硫能力高达 408.3mg H_2S/g，相比于 300℃时脱硫量增加了 296.8 mg H_2S/g（1.2 倍）。随着热处理温度继续升高至 500℃及以上时，其脱硫性能逐渐降低。当热处理温度为 500℃时，脱硫量为 270.2mg H_2S/g，相比 400℃的脱硫量减少了 138.1mg H_2S/g（33.8%）。当热处理温度升高至 600℃时，脱硫能力明显降低，脱硫量减少至 117.4mg H_2S/g，相比于 500℃的脱硫量减少了 152.8mg H_2S/g（56.6%）。随着热处理温度继续升高至 700℃，脱硫量显著降低至 36.1mg H_2S/g，相比 600℃的脱硫量减少了 81.3mg H_2S/g（69.3%）。当热处理温度达到 800℃时，样品的脱硫量仅为 14.4mgH_2S/g，接近于未经热处理 DT-Fe NPs 的脱硫量。

表 8-1　DT-Fe NPs 经不同温度热处理后的脱硫能力

温度/℃	25	300	400	500	600	700	800
穿透时间/min	12.4	136.5	300	208.7	87.6	31.2	12.3
脱硫能力/（mgH_2S/g）	14.7	183.5	408.3	270.2	117.4	36.1	14.4

8.4　黑茶基纳米铁干热处理后脱硫的反应机理

8.4.1　SEM-EDS 分析

DT-Fe NPs 经过不同温度（300～800℃）的干热处理后，其外貌形态和化学组成均发生显著变化，如图 8-4 所示。与未经热处理的 DT-Fe NPs 相比，热处理促进了颗粒间的聚集，导致颗粒粒度增加。SEM 分析显示，随着热处理温度的升高，颗粒表面晶体结构逐渐显化，晶体形状更加规则。尤其在 600℃干热处理的情况下，颗粒尺寸为 200～400nm。

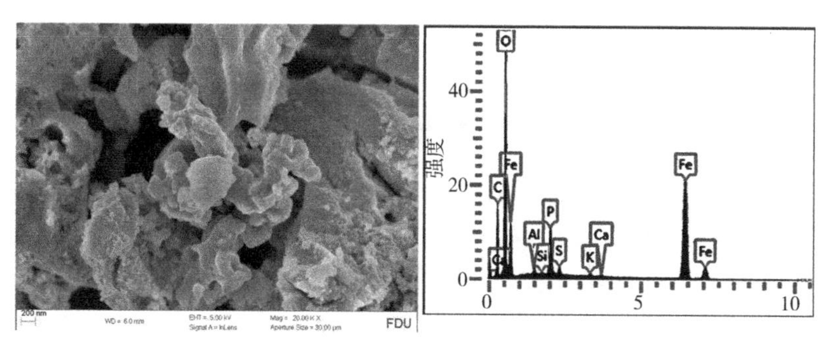

（a）300℃热处理DT-Fe NPs的SEM-EDS图

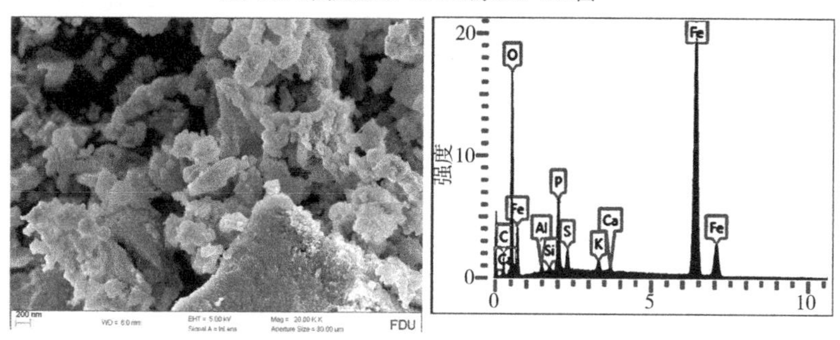

（b）400℃热处理DT-Fe NPs的SEM-EDS图

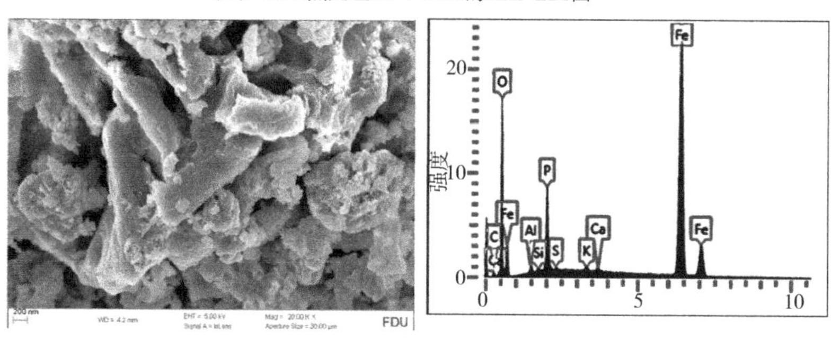

（c）500℃热处理DT-Fe NPs的SEM-EDS图

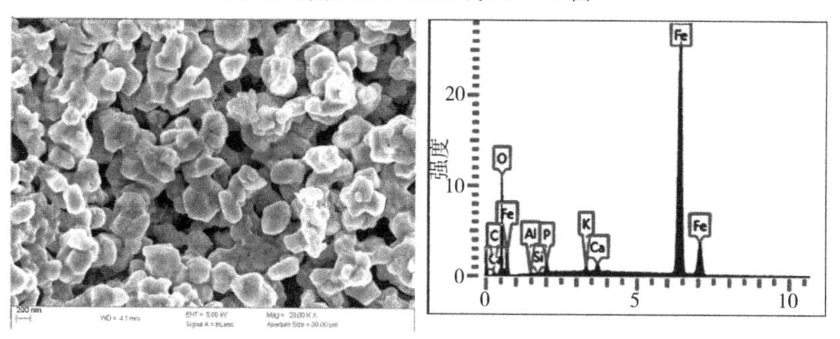

（d）600℃热处理DT-Fe NPs的SEM-EDS图

图 8-4

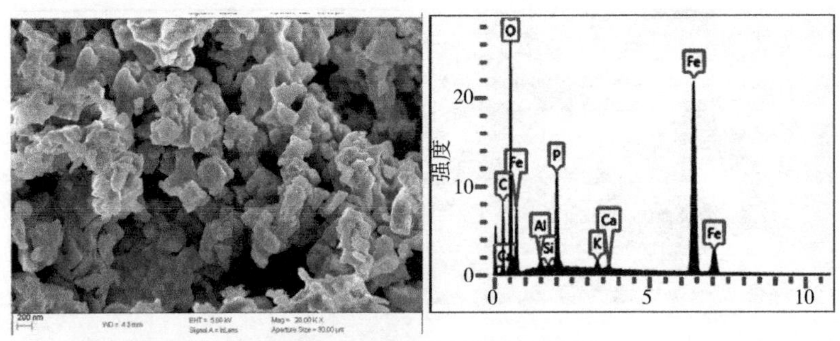

（e）700℃热处理DT-Fe NPs的SEM-EDS图

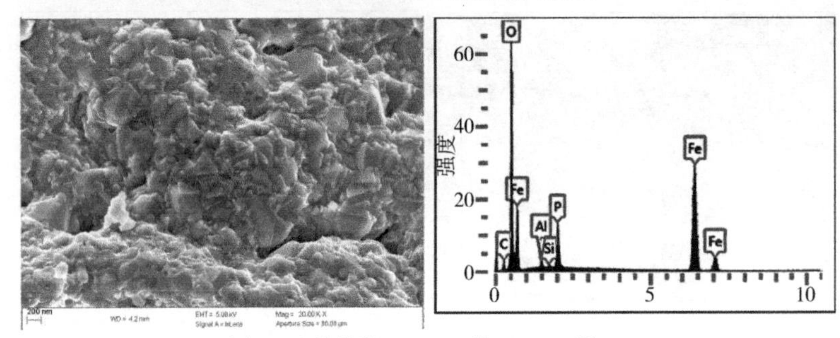

（f）800℃热处理DT-Fe NPs的SEM-EDS图

图 8-4　不同温度热处理 DT-Fe NPs 的 SEM-EDS 图

热处理样品的化学元素组成进一步表征如表 8-2 所示。EDS 分析表明，样品组成的主要元素是 Fe 和 O。随着热处理温度的升高，Fe 元素的含量呈现先增加后降低的趋势。热处理温度在 300～600℃阶段时，样品中 Fe 元素的含量由 39.5%持续增加至 83.8%；随后当热处理温度继续升高（600～800℃）时，Fe 元素的含量又从 83.8%逐渐减少至 50.4%。而 O 元素的含量则是随着热处理温度升高呈现先降低后增加的趋势。在 300～600℃期间，由 54.1%持续降低至 13.5%；而后在 600～800℃过程中，渐渐增加至 43.1%。研究认为，Fe 元素含量之所以在 300～600℃期间增加是因为在热处理过程中，DT-Fe NPs 表面包裹着的大量有机物（如多酚类和腐殖酸等）被灼烧掉；而温度达到 600℃以上时，有机物被完全灼烧，且 DT-Fe NPs 可进一步被氧化，从而使得 Fe 元素含量降低，而 O 元素含量增加。

表 8-2　DT-Fe NPs 经不同温度热处理后的样品元素组成

温度/℃	元素占比/%						
	Fe	S	O	P	Al	Ca	K
300	39.51	0.74	54.12	4.41	0.59	0.16	0.34

续表

温度/℃	元素占比/%						
	Fe	S	O	P	Al	Ca	K
400	65.95	1.41	25.36	5.14	0.65	0.32	0.9
500	70.87	0.17	21.04	6.53	0.59	0.24	0.39
600	83.79	—	13.53	1.15	0.13	0.92	0.45
700	53.42	—	38.17	6.35	0.81	0.36	0.75
800	50.39	—	43.06	5.44	0.85	—	—

注："—"代表未检出。

此外，当热处理温度在300～500℃时，样品中还检测到0.2%～1.4%的S元素。这可能归因于两方面：一方面源于$FeSO_4$溶液中残留的SO_4^{2-}；另一方面源于茶叶提取物中的含硫有机化合物，如蛋白质等。而当热处理温度达到600℃及以上时，S元素消失。这可能是硫元素在热处理过程中被氧化形成二氧化硫的原因。

除此之外，茶叶在烧煮过程中，由于部分无机矿物溶解在溶液中并吸附在DT-Fe NPs的表面上，从而使得样品的EDS图谱检测到少量的P、Ca、Al和K等元素（表8-2）。DT-Fe NPs经300～500℃热处理后，样品中P元素的含量保持在4.41%～6.53%之间；而当热处理温度达到600℃的时，P元素含量迅速降至1.15%；随后，当热处理温度继续升高（700～800℃），P元素含量又恢复到5.44%～6.35%之间。样品中Al元素的含量在300～500℃热处理阶段基本保持在0.6%左右，在600℃热处理温度下迅速减少至0.13%，而后在700～800℃热处理条件下，又快速增加至0.8%左右。当热处理温度为300～500℃时，样品中检测到0.16%～0.32%的Ca元素；当热处理温度升高至600℃时，其含量随之增加至0.92%；而后，当热处理温度为700℃时，Ca元素再次降低至0.36%；随着温度继续升高（800℃），Ca元素消失。样品中的K元素在300～500℃热处理阶段，其含量先从0.34%增加至0.9%（400℃），再恢复至0.4%左右；随着热处理温度继续升高（600～700℃），其含量由0.45%持续增加至0.75%；但当温度达到800℃时，K元素消失。

根据黑茶基纳米铁干热处理后的脱硫性能评价，发现DT-Fe NPs经过400℃热处理后，脱硫性能最佳。为了避免石英砂对反应物表征结果的干扰，进一步开展DT-Fe NPs经400℃热处理后的脱硫实验，并对其与H_2S的反应物进行表征。

SEM分析表明，反应后产物颗粒晶体结构明显，晶体形状较为规则，粒径约为

200~300 nm [如图 8-5 (a)]。EDS 分析进一步表明，反应产物中主要含有 Fe 和 S 元素，其含量分别为 46.74% 和 20.9%，由此可计算出 Fe 和 S 物质的量之比约为 1.27。此外，反应物中还检测到较高含量的 O 元素（26.39%），及少量的 P、Si、Al、Ca、K 等元素。结合 XRD 分析发现反应产物中含有铁硫化合物（S^{2-} 和 S_2^{2-}），且有部分铁氧化合物未与 H_2S 发生反应，因此其铁硫比小于 1 [图 8-5 (b)]。

（a）SEM

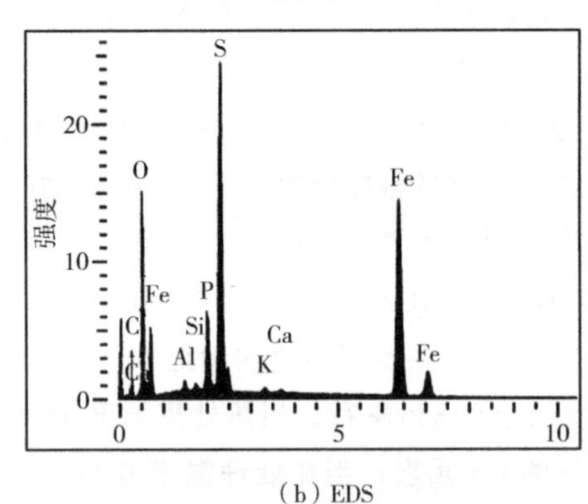

（b）EDS

图 8-5 DT-Fe NPs 热处理（400℃）样品与 H_2S 反应产物的 SEM-EDS 图

8.4.2 XRD 分析

DT-Fe NPs 在不同温度下干热处理后的 XRD 图谱如图 8-6 所示。随着热处理温度升高，样品的晶体化结构更加突显，特征峰更加显著。当热处理温度为 300℃时，样品 XRD 的峰型较弱，宽度较大，且特征峰不明显。随之，当热处理温度升高至 400℃及以上时，样品的特征峰强度逐渐增加，晶体结构逐渐凸显。这种现象可解释为：在热处理过程中，样品表面包裹的大量有机物（如多酚类和腐殖酸等）被烧毁，并在热处理期间形成了具有强结晶性结构的铁氧化合物（氧化铁）。XRD分析显示，DT-Fe NPs在热处理过程中发生了γ-Fe_2O_3向α-Fe_2O_3的相变。当热处理温度为300℃时，仅检测到γ-Fe_2O_3的存在；随着热处理温度升高至400℃时，发现α-Fe_2O_3和γ-Fe_2O_3共存；而当热处理温度达到500～800℃时，γ-Fe_2O_3特征峰消失，完全转化为α-Fe_2O_3。

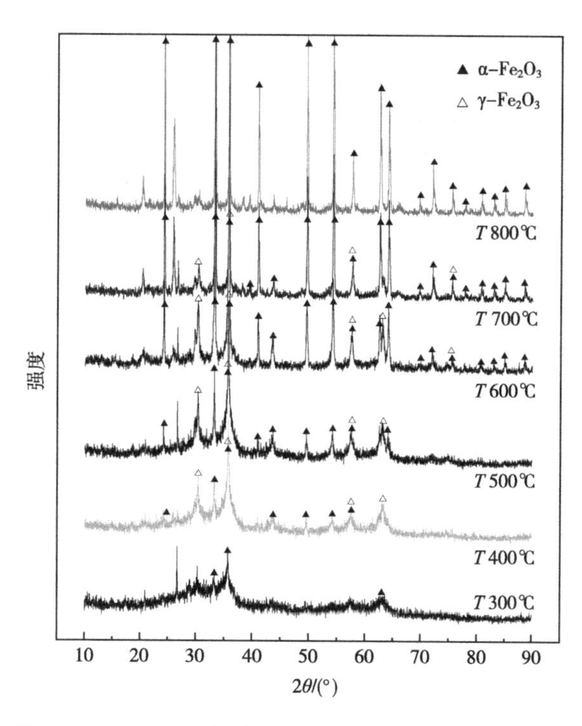

图8-6 DT-Fe NPs经过不同温度热处理后的XRD图谱

Mendili等和Liu等探究了热处理诱导纳米级γ-Fe_2O_3相变为α-Fe_2O_3的相变机制，发现γ-Fe_2O_3纳米颗粒在室温条件下能够稳定存在；当温度从室温升高至350℃时，γ-Fe_2O_3纳米颗粒表面会部分发生相变，转化为α-Fe_2O_3；在350～400℃时，晶核处开始产生α-Fe_2O_3；在400～450℃时，γ-Fe_2O_3彻底消失，全部转化为α-Fe_2O_3。虽然本研究所制得的DT-Fe NPs在热处理过程中发生了部分团聚现象，但其XRD的分析结果与Mendili等的研究结果仍保持一致。

为了避免石英砂对反应产物表征结果的干扰，在400℃热处理温度下开展不掺杂石英砂的脱硫实验，并进一步表征该条件下反应产物（图8-7）。XRD图谱显示，该反应产物的XRD峰型较窄，特征峰较为明显。通过与标准卡片相比较，反应产物存在FeS_2和FeS的特征峰。此外，Fe_2O_3特征峰的存在表明部分DT-Fe NPs在热处理过程中被氧化后并未与H_2S发生反应。

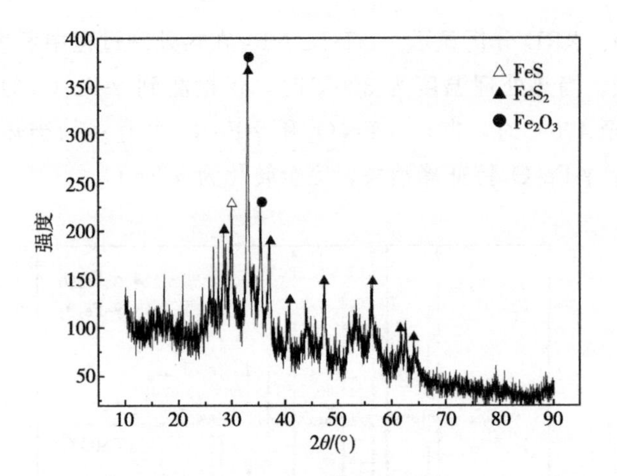

图 8-7 DT-Fe NPs 热处理（400℃）样品与 H_2S 反应的产物 XRD 表征

8.4.3 XPS 分析

DT-Fe NPs 经 400℃热处理后与 H_2S 反应产物（不掺杂石英砂）的 XPS 表征结果如图 8-8 所示。XPS 分析表明，样品与 H_2S 反应后，由于 S 2p 峰具有紧

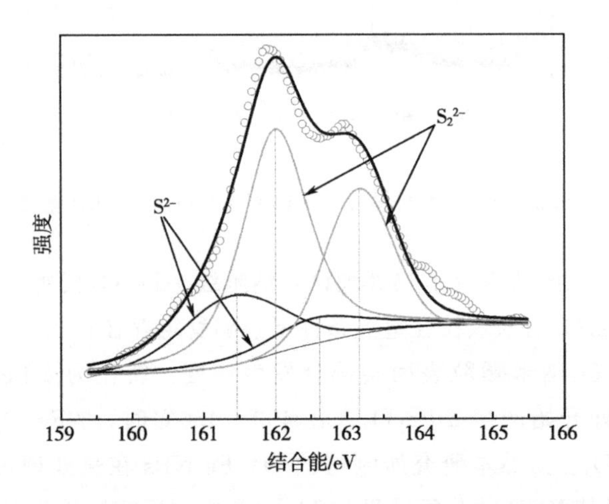

图 8-8 DT-Fe NPs 热处理（400℃）样品与 H_2S 反应产物中 S 元素的 XPS 分析

密间隔的自旋轨道，且两峰的结合能差 Δ＝1.16eV，强度比＝0.511，因此，该谱图可解卷积（deconvoluted）成四个重叠的峰，其中 S $2p_{3/2}$ 峰的结合能为 161.4eV 和 162.0eV。根据相关文献资料，这两个峰应分别对应于二硫化物（S_2^{2-}）和硫化物（S^{2-}）。进一步拟合计算峰曲线的面积，得出样品与 H_2S 的反

应产物中 S_2^{2-} 与 S^{2-} 的含量比约为 72.6%和 27.4%。

参考文献

[1] Saratale R G, Saratale G D, Shin H S, et al. New insights on the green synthesis of metallic nanoparticles using plant and waste biomaterials: Current knowledge, their agricultural and environmental applications [J]. Environmental Science and Pollution Research, 2018, 25 (11): 10164-10183.

[2] Nadagouda M N, Castle A B, Murdock R C, et al. In vitro biocompatibility of nanoscale zerovalent iron particles (nZVI) synthesized using tea polyphenols [J]. Green Chemistry, 2010, 12 (1): 114-122.

[3] Mallikarjuna K, Narasimha G, Dillip G R, et al. Green synthesis of silver nanoparticles using *Ocimum* leaf extract and their characterization [J]. Digest Journal of Nanomaterials & Biostructures, 2011, 6 (1): 181-186.

[4] Sharma K, Guleria S, Razdan V K. Green synthesis of silver nanoparticles using *Ocimum gratissimum* leaf extract: Characterization, antimicrobial activity and toxicity analysis [J]. Journal of Plant Biochemistry and Biotechnology, 2020, 29 (2): 213-224.

[5] Wang T, Lin J, Chen Z, et al. Green synthesized iron nanoparticles by green tea and eucalyptus leaves extracts used for removal of nitrate in aqueous solution [J]. Journal of Cleaner Production, 2014, 83: 413-419.

[6] Soliemanzadeh A, Fekri M. The application of green tea extract to prepare bentonite-supported nanoscale zero-valent iron and its performance on removal of Cr (Ⅵ): Effect of relative parameters and soil experiments [J]. Microporous and Mesoporous Materials, 2017, 239: 60-69.

[7] Machado S, Pinto S L, Grosso J P, et al. Green production of zero-valent iron nanoparticles using tree leaf extracts [J]. Science of the Total Environment, 2013, 445-446: 1-8.

[8] 刘清，张美，招国栋，等．黑茶还原制备绿色纳米铁及其对六价铬的去除性能 [J]. 功能材料，2016，47 (3)：03097-03102.

[9] Ong Q K, Lin X M, Wei A. Role of frozen spins in the exchange anisotropy of core-shell Fe@Fe_3O_4 nanoparticles [J]. The Journal of Physical Chemistry C, 2011, 115 (6): 2665-2672.

[10] Wang C, Baer D R, Amonette J E, et al. Morphology and electronic structure of the oxide shell on the surface of iron nanoparticles [J]. Journal of the American Chemical Society, 2009, 131 (25): 8824-8832.

[11] El Mendili Y, Bardeau J F, Randrianantoandro N, et al. Insights into the mechanism related to the phase transition from gamma-Fe_2O_3 to alpha-Fe_2O_3 nanoparticles in-

duced by thermal treatment and laser irradiation [J] . Journal of Physical Chemistry C, 2012, 116 (44): 23785-23792.

[12] Liu S L, Zhou J P, Zhang L N. Effects of crystalline phase and particle size on the properties of plate-like Fe_2O_3 nanoparticles during gamma- to alpha-phase transformation [J]. Journal of Physical Chemistry C, 2011, 115 (9): 3602-3611.

[13] Nandasiri M I, Camacho-Forero L E, Schwarz A M, et al. In situ chemical imaging of solid-electrolyte interphase layer evolution in Li-S batteries [J] . Chemistry of Materials, 2017, 29 (11): 4728-4737.

[14] Gao T, Hou S, Wang F, et al. Reversible S^0/MgS_x redox chemistry in a $MgTFSI_2$/$MgCl_2$/DME electrolyte for rechargeable Mg/S batteries [J] . Angewandte Chemie International Edition, 2017, 56 (43): 13526-13530.

[15] Li X Q, Brown D G, Zhang W X. Stabilization of biosolids with nanoscale zero-valent iron (nZVI) [J] . Journal of Nanoparticle Research, 2007, 9 (2): 233-243.

第9章

畜禽粪便生物炭的生物气脱硫性能

在中国，每年会产生超过70亿吨畜禽粪便，且畜禽粪便的产生量正以每年约10%的速度递增。畜禽粪便含有大量的病原菌，如不经过妥善处理，不仅会造成水体富营养化和土壤污染，而且还会对人类、畜禽健康造成严重危害。作为一种更加清洁且环保的方案，畜禽粪便的热解处理可以替代传统堆肥和厌氧消化，有效减轻环境负担，同时可以将畜禽粪便转化为功能型生物炭材料。目前报道的畜禽粪便衍生生物炭，是一种高度芳香的固体物质，具有发达的孔隙结构，对金属污染物、有机污染物等具有良好的吸附性能。将畜禽粪便制备生物炭作为吸附材料，具有较广的应用前景。

与其他生物炭相比，畜禽粪便生物炭的比表面积优势并不突出，但通常在经过活化后，比表面积会显著提高。此外，高盐分含量的畜禽粪便在热解后会残留部分官能团在表面，这可能会增强其吸附能力。本章选用三种不同来源的畜禽粪便作为生物质原料，并以椰壳作为对照，在高温和氮气氛围下热解制成生物炭材料，并选用二氧化碳对生物炭材料进行活化；探究不同活化温度对畜禽粪便生物炭的生物气脱硫性能的影响，从而遴选出基于畜禽粪便生物炭高效脱硫的最优条件；此外，通过对合成的畜禽粪便生物炭进行表征，分析其微观形貌、物理化学性质、元素组成和表面官能团，以期阐明其反应机理。

9.1 畜禽粪便的基本性质表征

本章节选用的生物炭原料包括牛粪（cow dung，CD）、猪粪（pig manure，PM）和鸡粪（chicken manure，CM），并采用椰壳（coconut husks，CH）作为对照。不同原料的基本参数如表9-1所列。椰壳pH值呈中性，而猪粪、鸡粪、牛粪皆呈碱性（pH值为10.05～10.55）。牛粪含有较高的盐分，电导率最大（8.73μS/cm），而椰壳电导率最小（2.09μS/cm）。鸡粪密度最大（0.776g/cm^3），牛粪的密度最小（0.418g/cm^3）。此外，椰壳和牛粪含有更多的有机质，挥发性固体（VS）含量较高（78.8%～96.2%）。重金属含量分析显示，猪粪重金属含量较高，特别是Zn含量为2.23mg/g，Cu含量为0.58mg/g，这可能来源于饲料添加剂。牛粪和鸡粪K含量较高，分别为41.75mg/g和13.16mg/g；猪粪和鸡粪Ca含量较高，分别为26.46mg/g和65.44mg/g。各原料P含量差别较大，猪粪和鸡粪中P含量较高，分别达到12.88mg/g和10.73mg/g，而椰壳和牛粪中P含量较低，仅为0.64mg/g。

表 9-1 畜禽粪便和椰壳的基本参数

参数		椰壳	牛粪	猪粪	鸡粪
pH 值		6.15±0.07	10.55±0.01	10.05±0.02	10.34±0.04
电导率/（μS/cm）		2.09±0.04	8.73±0.48	4.23±0.13	3.45±0.16
含水率/%		15.09±0.30	11.64±0.41	12.93±0.13	8.30±0.11
VS/%		96.16±0.02	78.83±2.00	69.82±0.61	40.66±1.01
密度/（g/cm^3）		0.428	0.418	0.757	0.776
Si/（mg/g）		0.15	0.95	0.96	1.65
Fe/（mg/g）		0.46	2.05	3.51	9.56
Ca/（mg/g）		1.36	17.93	26.46	65.44
Al/（mg/g）		0.09	0.54	1.20	2.97
Na/（mg/g）		1.18	8.67	2.63	1.83
Mg/（mg/g）		0.63	6.35	6.98	7.57
K/（mg/g）		6.90	41.75	12.05	13.16
P/（mg/g）		0.64	0.64	12.88	10.73
重金属	Zn/（mg/g）	0.03	0.18	2.23	0.21
	Cu/（mg/g）	0.03	0.04	0.58	0.04
	Cr/（mg/g）	0.01	0.07	0.16	0.36
	Mn/（mg/g）	0.01	0.17	0.50	0.42
	Ba/（mg/g）	0.04	0.03	0.03	0.06
	Ni/（mg/g）	0.06	<0.01	0.01	0.02
	Cd/（mg/g）	<0.01	<0.01	<0.01	<0.01

为进一步了解每种原料的无机成分，采用 XRD 对各种生物炭前体进行表征。如图 9-1 所示，畜禽粪便中含有大量无机盐，其主要成分是 SiO_2 和 $CaCO_3$，但椰壳的 XRD 谱图中观察到的无机盐衍射峰很弱。热重分析用来表征畜禽粪便和椰壳的热稳定性，如图 9-2 所示，生物炭原料的失重过程可以被分为两个主要阶段。其中，第一阶段温度范围为 50～250℃，主要是残留水分子的损失造成的失重（分别为 CH、CD、PM 和 CM 总质量的 5.33%、8.50%、7.90% 和 3.24%）。生物炭原料的大部分热失重发生在 300～400℃之间（第二阶段），在此温度范围内，CH、CD、PM 和 CM 的质量损失分别为 61.59%、47.66%、43.38%和 17.38%。另外，CM 在 600～700℃ 范围内还存在明显的质量损失，这应该与 $CaCO_3$ 的分解有关。第二阶段的热失重与有机质的分解相对应，因此，

生物炭原料的有机质含量顺序为CH>CD>PM>CM，这与VS表征结果一致。

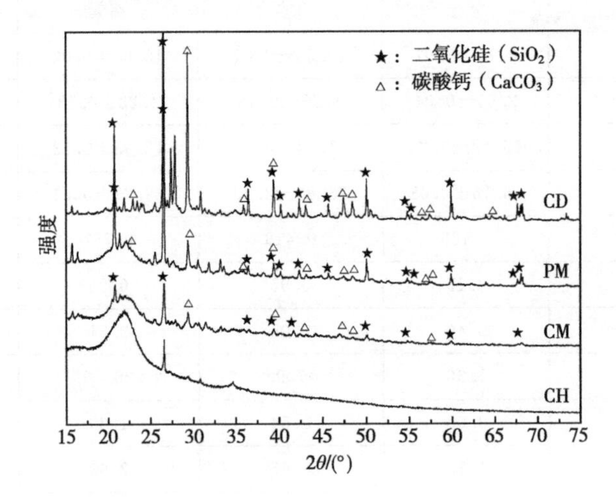

图 9-1 不同畜禽粪便和椰壳的 XRD 谱图

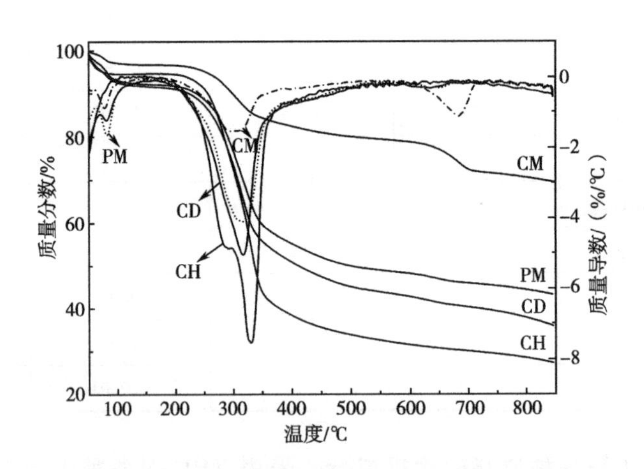

图 9-2 不同畜禽粪便和椰壳的热重分析图

9.2 畜禽粪便生物炭的制备与活化方法

生物炭的制备和活化采用管式炉，实验装置如图 9-3。热裂解得到的椰壳生物炭、牛粪生物炭、猪粪生物炭和鸡粪生物炭样品分别标记为CH-500P、CD-500P、PM-500P和CM-500P。采用二氧化碳活化生物炭，在活化温度分别为

650℃、750℃和850℃下得到的活化牛粪、猪粪和鸡粪生物炭样品分别标记为CD-500P-650A、CD-500P-750A、CD-500P-850A、PM-500P-650A、PM-500P-750A、PM-500P-850A、CM-500P-650A、CM-500P-750A和CM-500P-850A。

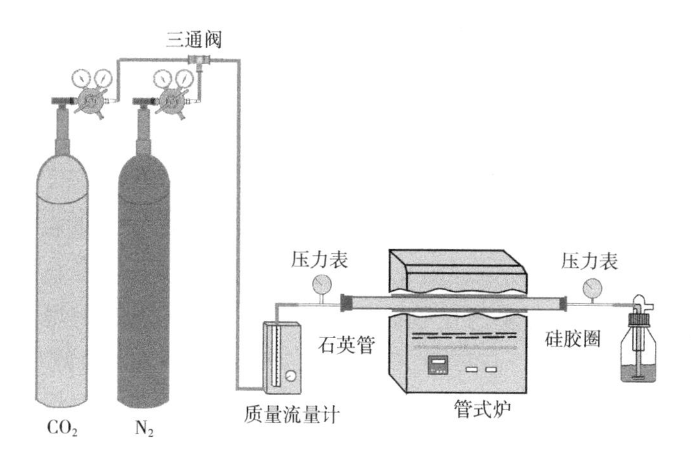

图 9-3 生物炭制备及活化装置示意图

9.3 畜禽粪便生物炭的表征

9.3.1 畜禽粪便生物炭的基本性质

不同畜禽粪便生物炭样品的基本性质参数，如pH值、堆积密度、BET比表面积和热灼减率，如表9-2所示。CH-500P和CD-500P的pH值都为10.5，而PM-500P的pH值最低只有9.5。许多研究表明，当生物炭pH值超过5.0时，它就具有一定的H_2S吸附能力。N_2吸附-解吸分析结果表明，不同生物质的比表面积和孔径分布存在显著差异。生物炭的比表面积大小排序如下：CM-500P（11.84m^2/g）＞CD-500P（7.01m^2/g）＞PM-500P（6.89m^2/g）＞CH-500P（0.18m^2/g）。CM-500P的堆积密度最大（0.769g/cm^3），热灼减率最低（29.28%），而CH-500P和CD-500P的堆积密度最小（0.415g/cm^3）。椰壳生物炭的热灼减率最大（79.37%）。牛粪生物炭的燃烧损失率也很高（64.95%）。

表 9-2 生物炭样品的基本性质

样品	pH 值	BET 比表面积/(m^2/g)	堆积密度/(g/cm^3)	热灼减率/%
CH-500P	10.5	0.18	0.415	79.37
CD-500P	10.5	7.01	0.415	64.95
PM-500P	9.5	6.89	0.752	57.07
CM-500P	9.7	11.84	0.769	29.28

不同活化温度下的活化生物炭样品的基本性质（pH 值、堆积密度、比表面积、热灼减率）如表 9-3 所示。活化后生物炭的堆积密度和 pH 值受活化温度影响不大。活化后椰壳生物炭的比表面积随着活化温度的升高而增加，当活化温度为 850℃时，比表面积（BET）最大（811.46m^2/g），热灼减率为 75.04%。然而，提高活化温度会导致鸡粪生物炭和牛粪生物炭的比表面积减小。而猪粪生物炭的比表面积随着活化温度先增大后减小。不同温度活化后 BET 比表面积最大的畜禽粪便生物炭样品分别为 CD-500P-650A（130.80m^2/g）、PM-500P-750A（125.80m^2/g）和 CM-500P-650A（23.55m^2/g）。

表 9-3 不同活化温度下的活化生物炭样品的基本性质

样品编号	pH 值	比表面积		堆积密度/(g/cm^3)	热灼减率/%
		BET/(m^2/g)	Langmuir/(m^2/g)		
CH-500P-650A	10.4	331.86	491.07	0.413	21.29
CD-500P-650A	10.4	130.80	197.03	0.399	29.45
PM-500P-650A	9.6	70.54	104.79	0.707	14.60
CM-500P-650A	9.4	23.55	35.56	0.758	11.37
CH-500P-750A	10.3	604.13	898.55	0.398	36.05
CD-500P-750A	10.3	11.28	17.74	0.395	55.95
PM-500P-750A	9.4	125.80	188.86	0.709	22.15
CM-500P-750A	10.3	10.45	15.78	0.755	21.13
CH-500P-850A	11.0	811.46	1208.03	0.378	75.04
CD-500P-850A	10.2	0.26	0.38	0.391	59.43
PM-500P-850A	9.9	12.30	18.78	0.689	43.76
CM-500P-850A	11.7	5.65	8.73	0.743	22.42

9.3.2 畜禽粪便生物炭的FT-IR分析

未活化和不同温度活化后的生物炭，其FT-IR光谱如图9-4所示。四种未活化的生物炭在1317～1450cm^{-1}附近有明显的吸收峰，这是与C—H弯曲振动有关的特征峰。1000～1200cm^{-1}之间的强吸收峰则归属于酯基伸缩振动的特征峰，750～870cm^{-1}的强吸收峰则属于芳环C—H或C—N、R—O—C和R—O—CH_3的伸缩振动峰。活化后，椰壳生物炭表面官能团的吸收峰减弱，直到活化温度升高到850℃，官能团的吸收峰强度显著增强。这说明随着活化温度的升高，椰壳生物炭的芳香性增强。猪粪生物炭活化后的红外光谱中吸收峰的位置和强度总体变化不大。鸡粪生物炭在750℃活化时，在3443cm^{-1}、2933cm^{-1}和1635cm^{-1}处出现明显的吸收峰，分别是羟基、C—H_n和C═O伸缩振动峰。

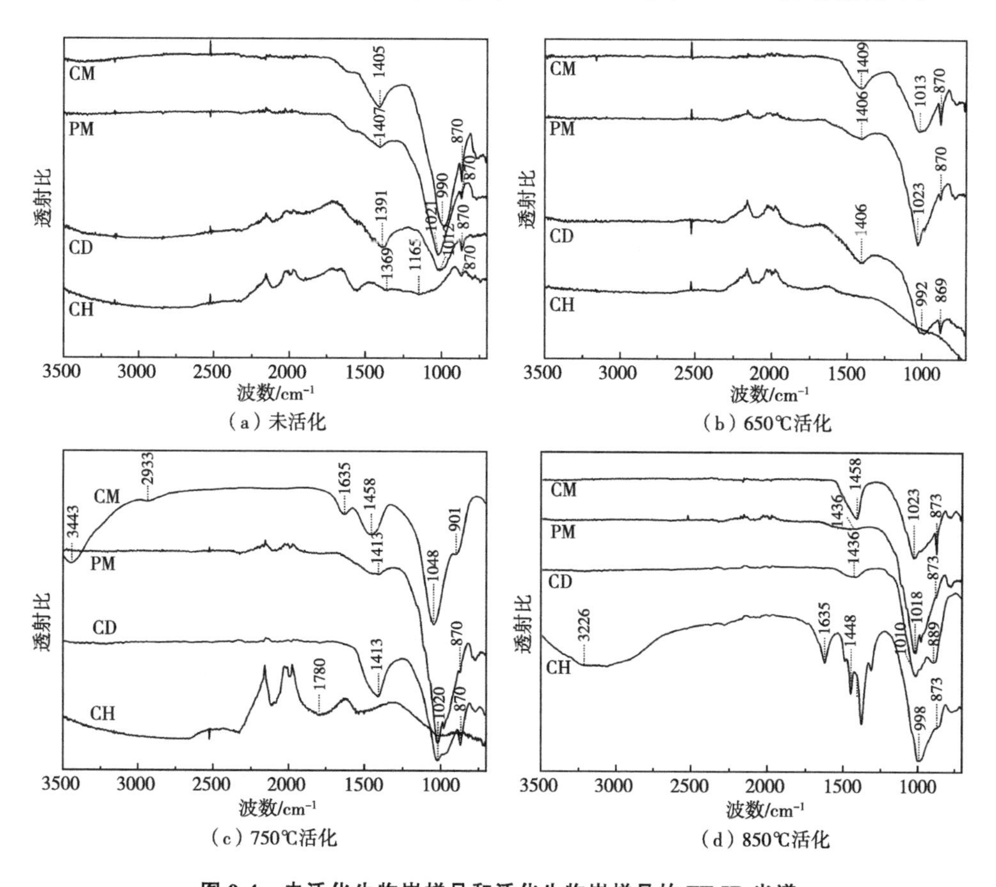

图9-4 未活化生物炭样品和活化生物炭样品的FT-IR光谱

9.3.3 畜禽粪便生物炭的 SEM 分析

生物炭材料的 SEM 图像如图 9-5 所示，热解和活化过程中生物炭原料和生物炭的微观结构、形态发生了显著变化。生物炭原料的表面呈现出多孔结构，大多数孔隙的孔径＞50nm，属于大孔结构。椰壳和牛粪含有高度规则的结构，来源于纤维素物质；而猪粪和鸡粪的形貌类似，未发现纤维素类似结构。椰壳表面呈现多孔结构，可辨别出一定量的孔隙；牛粪表面的孔隙呈长条形，长而窄，结构较松散。而猪粪和鸡粪结构较紧实，几乎没有孔。与原料对比，热解得到的生物炭孔隙分布发生了明显变化。椰壳生物炭孔隙增多且变大，孔隙呈圆形或椭圆形，结构更加疏松。牛粪生物炭孔隙由长窄孔变成圆形小孔，并且数量减少。猪粪生物炭结构变得比热解前松散，孔隙数量增加，孔隙呈圆形、长窄形。虽然椰壳和猪粪生物炭表面存在大量孔隙，但孔径约为 2～15μm，而非介孔和微孔，无法有效吸附 H_2S。鸡粪生物炭的结构变化不明显，结构仍然较紧实，孔隙数量较少。生物炭表面所呈现的孔隙排列都是随机产生的，没有特定的排列规律。

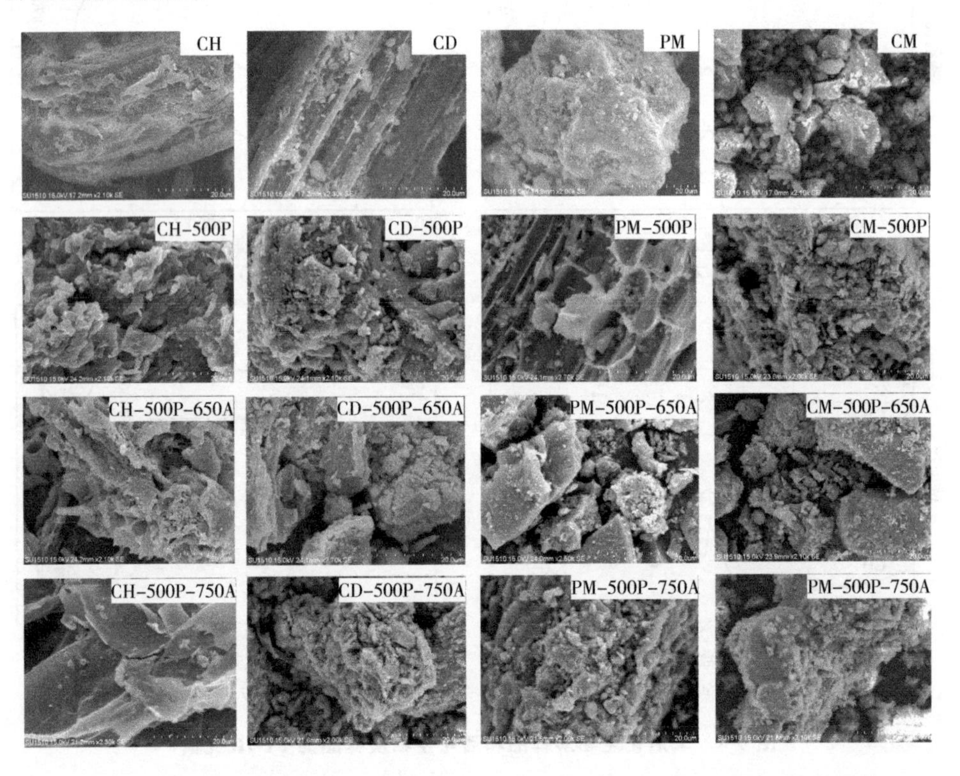

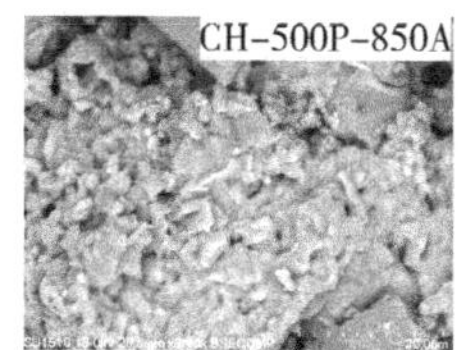

图 9-5 椰壳生物炭和畜禽粪便生物炭样品的 SEM 图像

对比未活化生物炭 SEM 图，在 650℃温度下活化 90min 后，椰壳和牛粪生物炭表面孔隙数量减少，猪粪生物炭和鸡粪生物炭结构更加紧实，表面几乎不存在孔。当活化温度为 750℃、活化 90min 后，椰壳生物炭结构更加松散，孔径变大，但大孔并不能直接吸附 H_2S，而牛粪生物炭、猪粪生物炭和鸡粪生物炭表面结构更加紧实，孔隙数量很少、分布规律不明显。当活化温度为 850℃、活化 90min 后，椰壳生物炭和牛粪生物炭表面分布着颗粒状突起物，表面孔隙数量进一步减少。而猪粪生物炭和鸡粪生物炭表面几乎没有孔隙，这严重影响其 H_2S 吸附性能。由此认为，单纯地提高活化温度并不能增加生物炭表面孔隙数量，也不能增强生物炭 H_2S 吸附性能。

9.3.4 畜禽粪便生物炭的吸附-解吸等温线和孔径分布分析

为研究影响生物炭 H_2S 去除性能的因素，进一步表征了这些材料的孔径分布和吸附-解吸等温线（下称吸附等温线）（图 9-6、图 9-7 和图 9-8）。当活化温度为 650℃时，CH-500P-650A 和 CD-500P-650A 吸附等温线在低相对压力（$P/P_0<0.1$）下迅速上升。当 $P/P_0<0.1$ 以上，曲线上升缓慢，表明吸附过程接近饱和。根据 IUPAC（国际纯粹与应用化学联合会）分类，这种 N_2 吸附等温线属于Ⅰ型，说明 CH-500P-650A 和 CD-500P-650A 含有大量微孔结构。PM-500P-650A 和 CM-500P-650A 的吸附等温线在低压下出现了明显的拐点，这表明单层吸附是饱和的。随着压力的增加，第二个吸附层开始形成，这是Ⅱ型吸附等温线的特征，也意味着 PM-500P-650A 和 CM-500P-650A 属于大孔物质，孔隙很少。当活化温度升高，CH-500P-750A、PM-500P-750A 和 CH-500P-850A 的吸附等温线表现出Ⅰ型吸附等温线的特征，表明其结构中存在一定数量的微孔和中孔。而 CD-500P-750A、CD-500P-850A、CM-500P-750A、CM-500P-850A 和 PM-500P-850A 的吸附等温线则属于Ⅱ型吸附等温线，说明存在大孔固体上的单层到多层吸附。

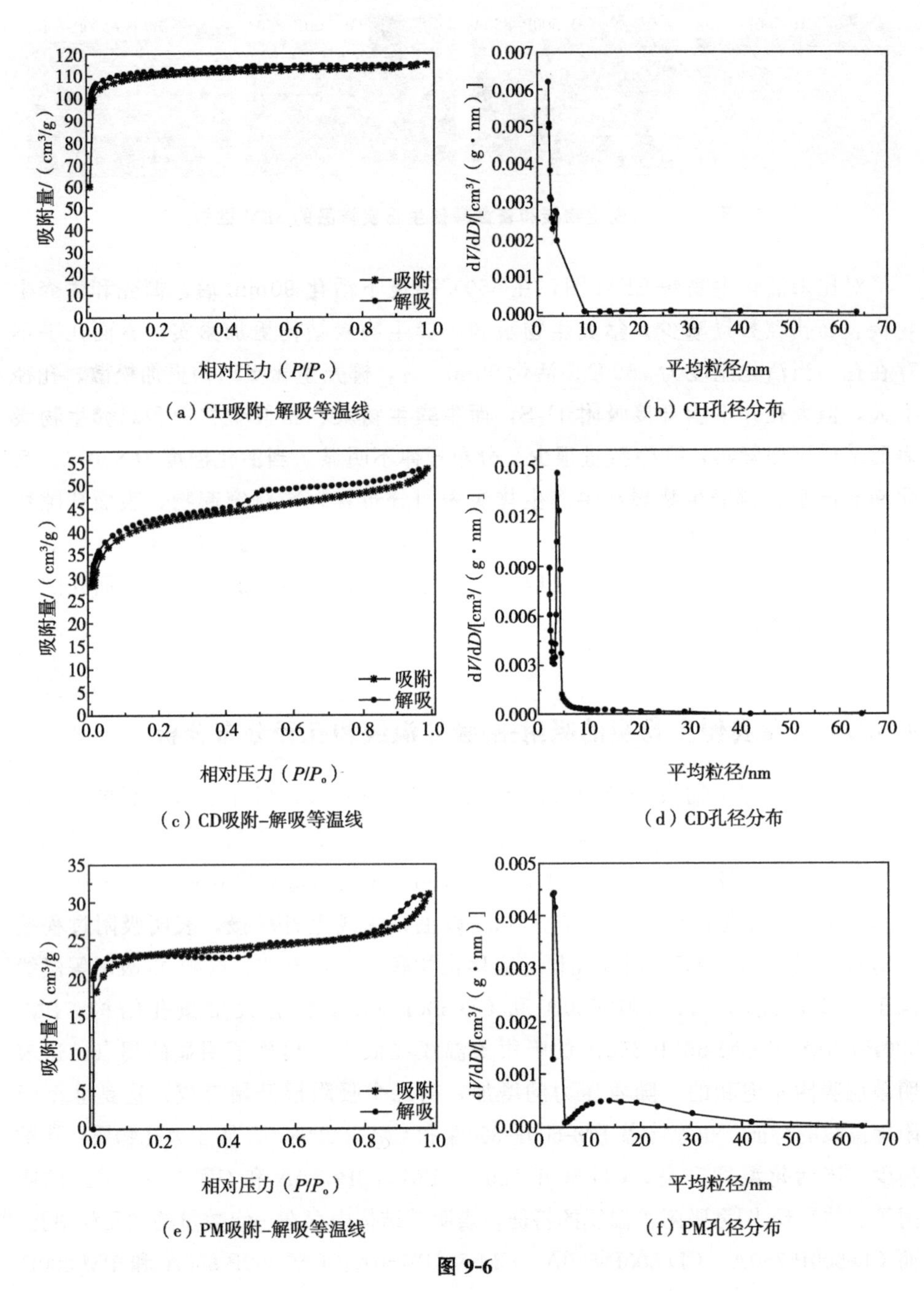

（a）CH吸附-解吸等温线

（b）CH孔径分布

（c）CD吸附-解吸等温线

（d）CD孔径分布

（e）PM吸附-解吸等温线

（f）PM孔径分布

图 9-6

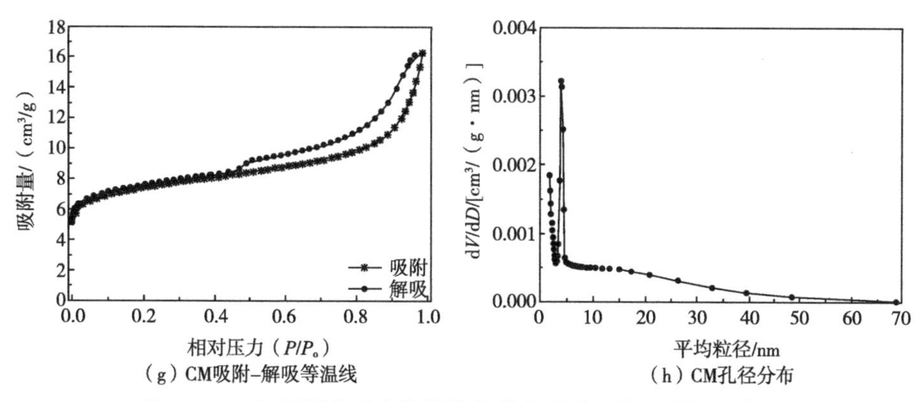

（g）CM吸附-解吸等温线　　（h）CM孔径分布

图 9-6　650℃下活化后生物炭的吸附-解吸等温线和孔径分布图

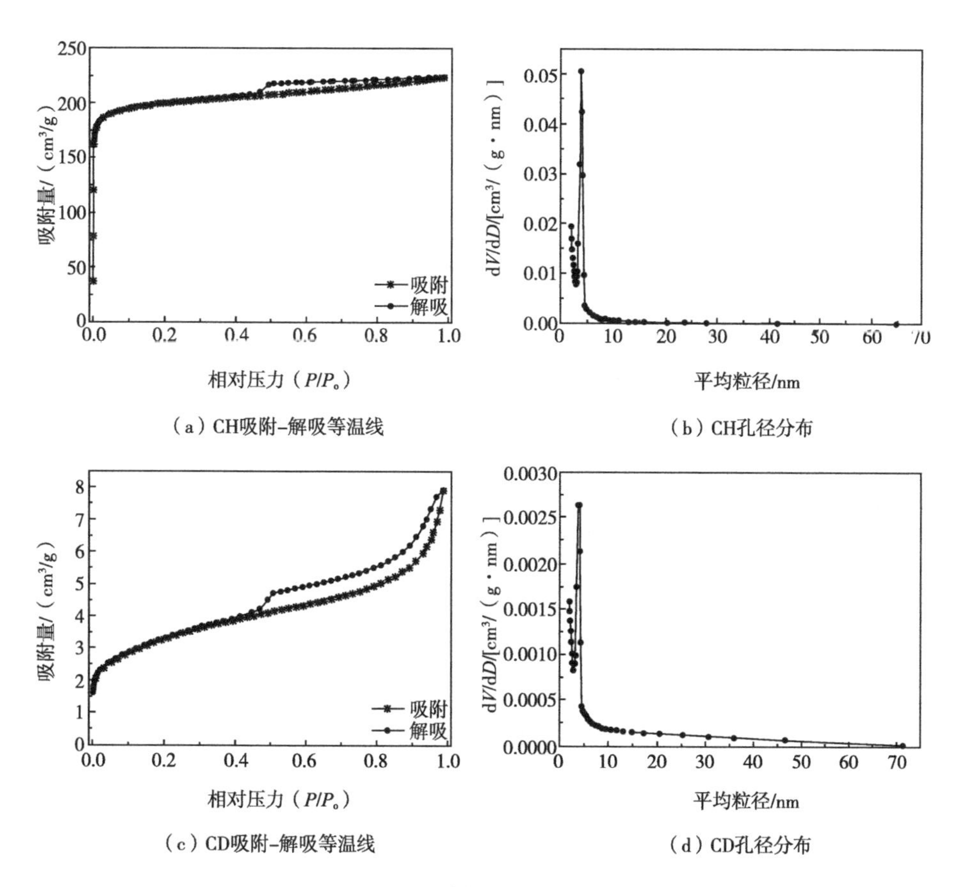

（a）CH吸附-解吸等温线　　（b）CH孔径分布

（c）CD吸附-解吸等温线　　（d）CD孔径分布

图 9-7

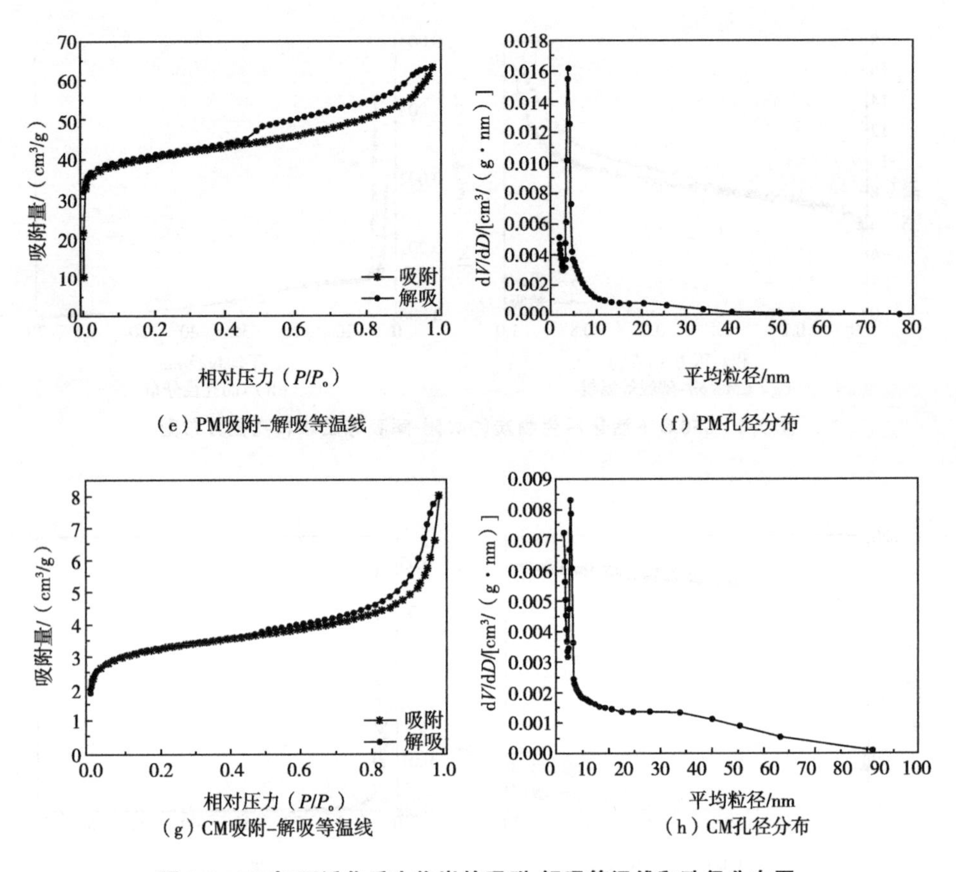

（e）PM吸附-解吸等温线

（f）PM孔径分布

（g）CM吸附-解吸等温线

（h）CM孔径分布

图 9-7　750℃下活化后生物炭的吸附-解吸等温线和孔径分布图

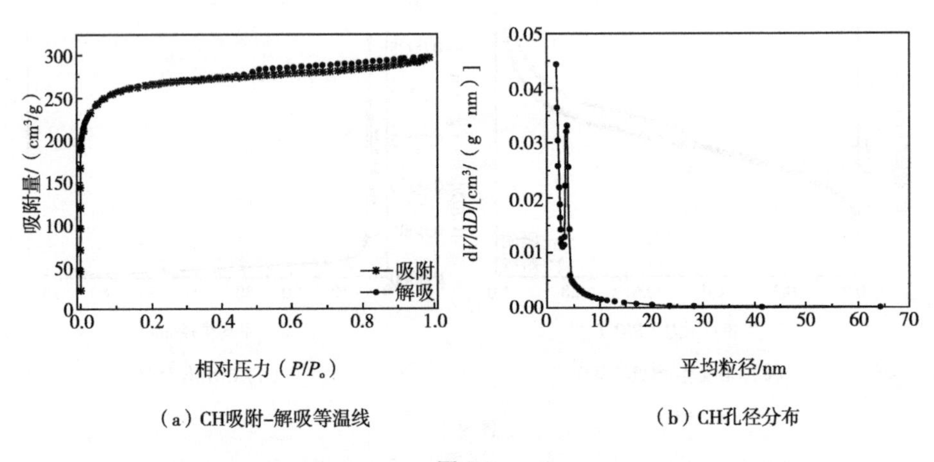

（a）CH吸附-解吸等温线

（b）CH孔径分布

图 9-8

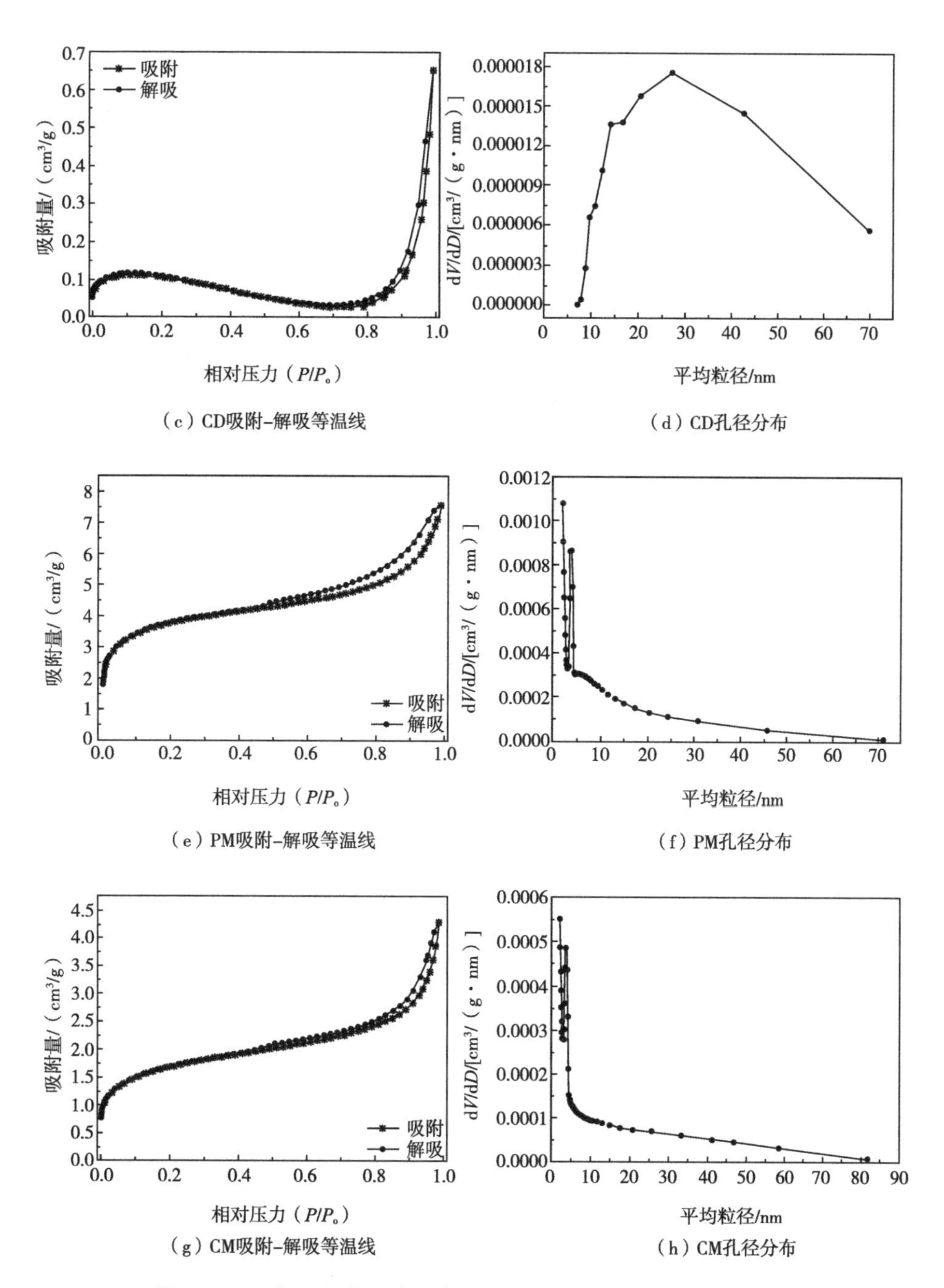

（c）CD吸附-解吸等温线　（d）CD孔径分布

（e）PM吸附-解吸等温线　（f）PM孔径分布

（g）CM吸附-解吸等温线　（h）CM孔径分布

图 9-8　850 ℃下活化后生物炭的吸附-解吸等温线和孔径分布图

9.4 畜禽粪便生物炭的脱硫性能分析

活化前，不同生物炭样品的 H_2S 吸附穿透曲线和 H_2S 去除能力，如图 9-9 所示。椰壳生物炭吸附 H_2S 穿透时间最长，实验开始约 70min 后尾气开始检测到 H_2S，随后 H_2S 浓度缓慢上升，约 90min 后 H_2S 浓度达到穿透浓度；鸡粪生物炭吸附 H_2S 穿透时间最短，实验开始 20min 时即出现 H_2S，随后 H_2S 浓度快速上升，25min 时就达到穿透浓度。牛粪生物炭吸附 H_2S 穿透曲线显示，50min 后出气中出现 H_2S，70min 后达到穿透浓度。猪粪生物炭吸附 H_2S 穿透曲线显示，25min 后出气中出现 H_2S，40min 后达到穿透浓度。

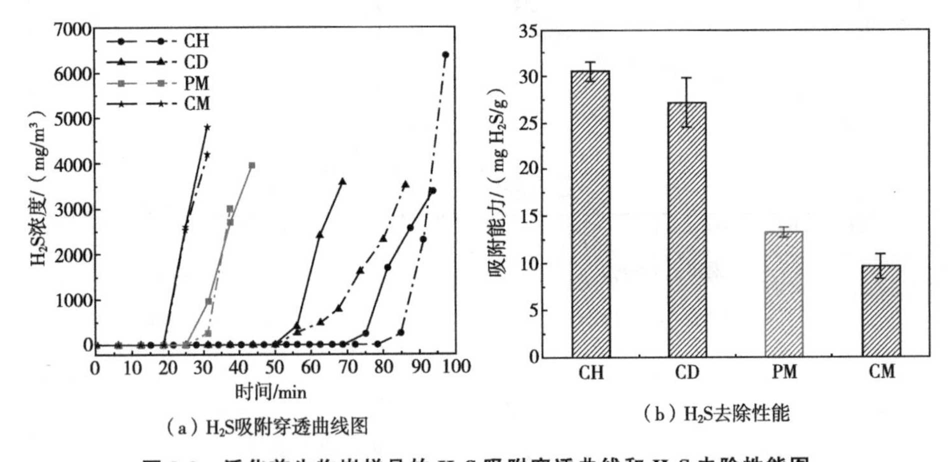

（a）H_2S吸附穿透曲线图

（b）H_2S去除性能

图 9-9 活化前生物炭样品的 H_2S 吸附穿透曲线和 H_2S 去除性能图

根据穿透曲线计算各生物炭 H_2S 吸附量，椰壳生物炭 H_2S 吸附量最大，为 30.44mg H_2S/g；牛粪生物炭对 H_2S 的吸附量高达 29.81mg H_2S/g，与椰壳生物炭仅相差 0.63mg H_2S/g（2.11%）；猪粪和鸡粪生物炭吸附 H_2S 能力较差，分别为 13.82mg H_2S/g 和 10.96mg H_2S/g，与椰壳生物炭分别相差为 16.62mg H_2S/g 和 19.48mg H_2S/g。由试验结果可知，牛粪生物炭脱硫性能显著高于猪粪生物炭和鸡粪生物炭，H_2S 吸附容量是猪粪生物炭和鸡粪生物炭的 2.16 倍和 2.72 倍，可考虑作为商业生物炭应用于填埋气脱硫工艺中。

不同温度活化后，畜禽粪便生物炭样品的 H_2S 吸附穿透曲线和 H_2S 去除能力，如图 9-10 所示。当活化温度为 650℃时，牛粪生物炭吸附 H_2S 穿透时间最长，约 75min 后尾气中检测到 H_2S，随后 H_2S 浓度缓慢上升，直到 85min 后达到穿透浓度；鸡粪生物炭吸附 H_2S 穿透时间最短，20min 时尾气中已检测到 H_2S，随后 H_2S 浓度快速上升，25min 后穿透。椰壳生物炭吸附 H_2S 试验在开始 70min 后尾气中检测到 H_2S，随后 H_2S 浓度缓慢上升，80min 后达到穿透浓度。猪粪生物炭在试验开始 30min 后，尾气中检测到 H_2S，40min 后达到穿透浓度。

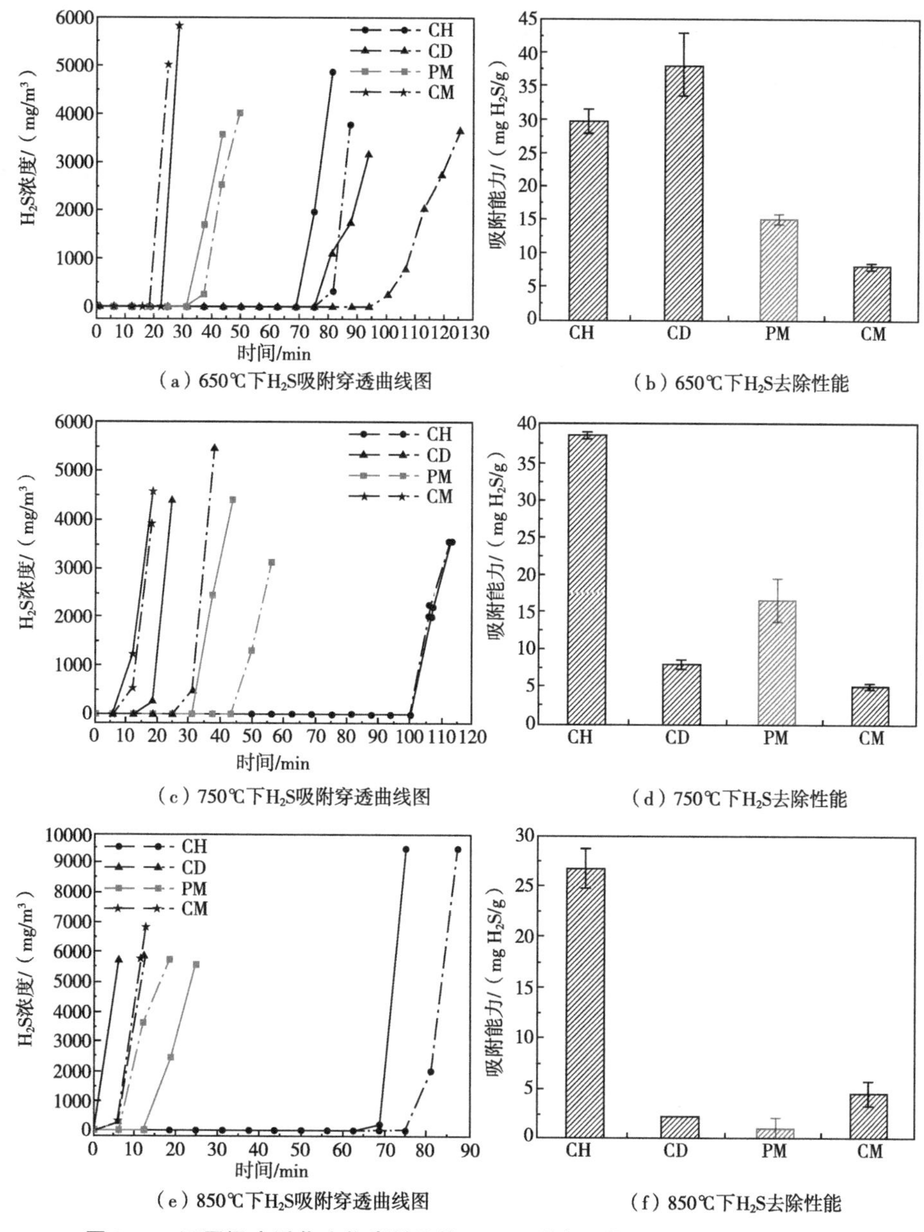

（a）650℃下H_2S吸附穿透曲线图　（b）650℃下H_2S去除性能

（c）750℃下H_2S吸附穿透曲线图　（d）750℃下H_2S去除性能

（e）850℃下H_2S吸附穿透曲线图　（f）850℃下H_2S去除性能

图 9-10　不同温度活化生物炭样品的 H_2S 吸附穿透曲线和 H_2S 去除性能图

随着活化温度上升至750℃，椰壳生物炭穿透时间明显增长，此时椰壳穿透时间最长，实验开始100min后尾气中检测到H_2S，110min后达到穿透浓度；牛粪生物炭穿透时间明显缩短，15min后尾气中即检测到H_2S，25min后达到穿透浓度；猪粪生物炭穿透时间变化不大，35min后检测到H_2S，40min后H_2S浓度达到穿透浓度；鸡粪生物炭穿透时间显著缩短，此时穿透时间最短，5min后检测到H_2S，10min后达到穿透浓度。

当活化温度进一步提升至850℃时，椰壳生物炭穿透时间缩短，但仍是四种样品中穿透时间最长的，在实验开始70min后尾气中检测到H_2S，随后H_2S浓度快速上升，75min后达到穿透浓度；牛粪生物炭吸附H_2S穿透时间进一步缩短，同时也是四种样品中穿透时间最短的，实验开始5min后H_2S浓度几乎达到穿透浓度；猪粪生物炭吸附H_2S穿透时间缩短，5min后尾气中检测到H_2S，15min时H_2S浓度已达到穿透浓度；鸡粪生物炭吸附H_2S穿透时间变化不明显，5min后检测到H_2S，10min时穿透。

为了进一步研究影响生物炭H_2S去除性能的因素，分析了去除性能与BET和朗缪尔（Langmuir）微孔比表面积之间的关系。拟合结果表明，BET比表面积、Langmuir微孔比表面积和生物炭脱硫性能之间存在幂函数关系。如图9-11所示，BET和Langmuir微孔比表面积的R^2值分别为0.9693和0.9690。这表明生物炭的H_2S去除性能并不完全取决于BET或Langmuir微孔比表面积。将拟合结果与微观形态和孔径分布的分析结合，则可以发现具有微孔结构的生物炭（CH-500P-650A、CH-500P-750A和CH-500P-850A；CD-500P-650A；PM-500P-750A）的H_2S去除性能特征优于具有大、介孔结构的生物炭（CD-500P-750A和CD-500P-850A；CM-500P-650A、CM-500P-750A和CM-500P-850A；PM-500P-650A和PM-500P-850A）。

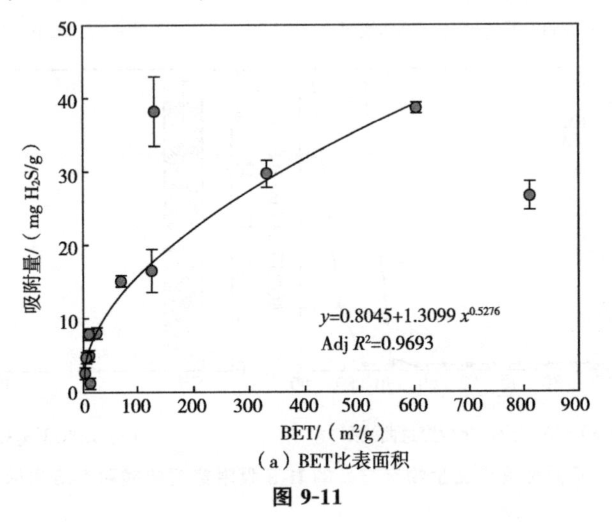

（a）BET比表面积

图9-11

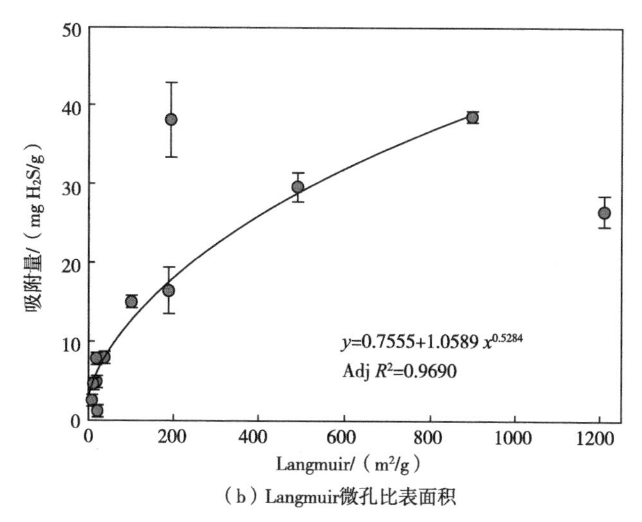

（b）Langmuir微孔比表面积

图 9-11 BET 和 Langmuir 微孔比表面积与生物炭 H_2S 吸附量的拟合曲线

因此，可以得出结论：a. 畜禽粪便生物炭中的微孔负责大部分 H_2S 吸附，而大孔负责将 H_2S 输送到微孔；b. 单纯提高活化温度不能增加畜禽粪便生物炭表面孔隙的数量，也不一定能提高生物炭脱硫性能；c. 生物炭的 H_2S 去除性能与其微观结构和理化性质密切相关。

参考文献

[1]Jia W, Qin W, Zhang Q, et al. Evaluation of crop residues and manure production and their geographical distribution in China[J]. Journal of Cleaner Production, 2018, 188: 954-965.

[2]Lee H J, Ryu H D, Lim D Y, et al. Characteristics of veterinary antibiotics in intensive livestock farming watersheds with different liquid manure application programs using UHPLC-q-orbitrap HRMS combined with on-line SPE[J]. Science of the Total Environment, 2020, 749: 142375.

[3]Kamilaris A, Engelbrecht A, Pitsillides A, et al. Transfer of manure as fertilizer from livestock farms to crop fields: The case of Catalonia[J]. Computers and Electronics in Agriculture, 2020, 175: 105550.

[4]Jiang Y, Liang X, Yuan L, et al. Effect of livestock manure on chlortetracycline sorption behaviour and mechanism in agricultural soil in Northwest China[J]. Chemical Engineering Journal, 2021, 415: 129020.

[5]Wu R T, Cai Y F, Chen Y X, et al. Occurrence of microplastic in livestock and poultry manure in South China[J]. Environmental Pollution, 2021, 277: 116790.

[6]Adánez-Rubio I,Fonts I,de Blas P,et al. Exploratory study of polycyclic aromatic hydrocarbons occurrence and distribution in manure pyrolysis products[J]. Journal of Analytical and Applied Pyrolysis,2021,155:105078.

[7]Atienza-Martínez M,Ábrego J,Gea G,et al. Pyrolysis of dairy cattle manure:Evolution of char characteristics[J]. Journal of Analytical and Applied Pyrolysis,2020,145:104724.

[8]Khoshnevisan B,Duan N,Tsapekos P,et al. A critical review on livestock manure biorefinery technologies: Sustainability,challenges,and future perspectives[J]. Renewable & Sustainable Energy Reviews,2021,135:110033.

[9]Zubair M,Wang S,Zhang P,et al. Biological nutrient removal and recovery from solid and liquid livestock manure: Recent advance and perspective[J]. Bioresource Technology,2020,301:122823.

[10]Liu Z,Wang Z,Tang S,et al. Fabrication,characterization and sorption properties of activated biochar from livestock manure via three different approaches[J]. Resources Conservation and Recycling,2021,168:105254.

[11]Zhang Y,Kawasaki Y,Oshita K,et al. Economic assessment of biogas purification systems for removal of both H_2S and siloxane from biogas[J]. Renewable Energy, 2021, 168: 119-130.

[12]Wang X,Zhai M,Guo H,et al. High-temperature pyrolysis of biomass pellets: The effect of ash melting on the structure of the char residue[J]. Fuel,2021,285:119084.

[13]Lu Z,Zhang H,Shahab A,et al. Comparative study on characterization and adsorption properties of phosphoric acid activated biochar and nitrogen-containing modified biochar employing eucalyptus as a precursor[J]. Journal of Cleaner Production,2021,303:127046.

[14] Peter A,Chabot B,Loranger E. Enhanced activation of ultrasonic pre-treated softwood biochar for efficient heavy metal removal from water[J]. Journal of Environmental Management,2021,290:112569.

[15]Yao Q,Borjihan Q,Qu H,et al. Cow dung-derived biochars engineered as antibacterial agents for bacterial decontamination[J]. Journal of Environmental Sciences,2021,105:33-43.

[16]Maziarka P,Wurzer C,Arauzo P J,et al. Do you BET on routine? The reliability of N_2 physisorption for the quantitative assessment of biochar's surface area[J]. Chemical Engineering Journal,2021,418:129234.

术语缩写

AVS：酸挥发性硫（acid volatile sulphide）

CRS：Cr（Ⅱ）还原性硫［Cr（Ⅱ）-reducible sulphide］

DT-Fe NPs：黑茶基纳米铁（dark tea-iron nanoparticles）

DOM：溶解性有机物质（dissolved organic matter）

DOC：溶解性有机碳（dissolved organic carbon）

ES：单质硫（elemental sulphur）

EDS：X射线能谱（energy dispersive X-ray spectroscopy）

FT-IR：傅里叶红外光谱（Fourier transform infrared spectroscopy）

HFO：水合氧化铁（hydrous ferric oxide）

IRB：铁还原菌（iron-reducing bacteria）

LR：填埋反应器（landfill reactor）

MPB：产甲烷菌（methane-producing bacteria）

mZVI：微米零价铁（microscale zero-valent iron）

nZVI：纳米零价铁（nanoscale zero-valent iron）

ORP：氧化还原电位（oxidation reduction potential）

RIS：还原性无机硫（reduced inorganic sulphur）

SEP：连续提取程序（sequential extraction procedure）

SEM：扫描电子显微镜（scanning electron microscopy）

SRB：硫酸盐还原菌（sulphate reducing bacteria）

TOC：总有机碳（total organic carbon）

TG-DSC：热重分析-差示扫描量热法（thermogravimetry-differential scanning calorimetry）

UPW：超纯水（ultra-pure water）

VM：挥发性物质（volatile matter）

VFAs：挥发性脂肪酸（volatile fatty acids）

WAS：剩余活性污泥（waste active sludge）

WWTP：污水处理厂（waste water treatment plant）

XRD：X射线粉末衍射（X-ray powder diffraction）

XPS：X射线光电子能谱（X-ray photoelectron spectroscopy）

ZVI：零价铁（zero-valent iron）